蓝色海洋

海洋掠食者

阮宣民　编写

吉林出版集团股份有限公司

图书在版编目（CIP）数据

海洋掠食者 / 阮宣民编写. —— 长春 ：吉林出版集团股份有限公司，2013.9
（蓝色海洋）
ISBN 978-7-5534-3331-8

Ⅰ．①海… Ⅱ．①阮… Ⅲ．①水生动物－海洋生物－青年读物②水生动物－海洋生物－少年读物 Ⅳ.
①Q958.885.3-49

中国版本图书馆CIP数据核字(2013)第227226号

海洋掠食者
HAIYANG LÜESHIZHE

编　　写	阮宣民	
策　　划	刘　野	
责任编辑	林　丽	
封面设计	艺　石	
开　　本	710mm×1000mm　　1/16	
字　　数	75千	
印　　张	9.5	
定　　价	32.00元	
版　　次	2014年3月第1版	
印　　次	2018年5月第4次印刷	
印　　刷	黄冈市新华印刷股份有限公司	

出　　版	吉林出版集团股份有限公司
发　　行	吉林出版集团股份有限公司
地　　址	长春市人民大街4646号
	邮编：130021
电　　话	总编办：0431-88029858
	发行科：0431-88029836
邮　　箱	SXWH00110@163.com
书　　号	ISBN 978-7-5534-3331-8

前　言▮

　　远观地球，海洋像一团团浓重的深蓝均匀地镶涂在地球上，成为地球上最显眼的色彩，也是地球上最美的风景。近观大海，它携一层层白浪花从远方涌来，又延伸至我们望不见的地方。海洋承载了人类太多的幻想，这些幻想也不断地激发着人类对海洋的认知和探索。

　　无数的人向着海洋奔来，不忍只带着美好的记忆离去。从海洋吹来的柔软清风，浪花拍打礁石的声响，盘旋飞翔的海鸟，使人们的脚步停驻在这片开阔的地方。他们在海边定居，尽情享受大自然的馈赠。如今，在延绵的海岸线上，矗立着数不清的大小城市。这些城市如镶嵌在海岸的明珠，装点着蓝色海洋的周边。生活在海边的人们，更在世世代代的繁衍中，产生了对海洋的敬畏和崇拜。从古至今的墨客在此也留下了他们被激发的灵感，在他们的笔下，有美人鱼的美丽传说，有饱含智慧的渔夫形象，有"洪波涌起"的磅礴气魄……这些信仰、神话、诗词、童话成为人类精神文明的重要载体之一。

　　为了能在海洋里走得更深、更远，人们不断地更新航海、潜水技术，从近海到远海，从赤道到南北两极，从海洋表面到深不可测的海底，都布满了科学家和海洋爱好者的足印。在海底之旅的探寻中，人们还发现了另一个多姿的神秘世界。那里和陆地一样，有一望无际的平原，有高耸挺拔的海山，有绵延万里的海岭，有深邃壮观的海沟。正如陆地上生活着人类一样，那里也生活着数百万种美丽的海洋生物，有可以与一辆火车头的力量相匹敌的蓝色巨鲸，有聪明灵活的海狮，有古老顽强的海龟，还有四季盛开的海菊花……它们在海里游弋，有的放出炫目的光彩，有的发出奇怪的声音。为了生存，它们运用自己的本能与智慧在海洋中上演着一幕幕生活剧。

除了对海洋的探索，人类还致力于对海洋的利用与开发。人们利用海洋创造出更多的活动空间，将太平洋西岸的物质顺利地运输到太平洋东岸。随着人类科技的发展，海洋深处各种能源与矿物也被利用起来以促进经济和社会的发展。这些物质的开发与利用也使得海洋深入到我们的日常生活中，不论是装饰品、药物、天然气，还是其他生活用品，我们总能在周围找到有关海洋的点滴。

然而，海洋在和人类的相处中，也并不完全是被动的，它也有着自己的脾气和性格。不管人们对海洋的感情如何，海洋地震、海洋火山、海啸、风暴潮等这些对人类造成极大破坏力的海洋运动仍然会时不时地发生。因此，人们在不断的经验积累和智慧运用中，正逐步走向与海洋更为和谐的关系中，而海洋中更多神秘而未知的部分，也正等待着人类去探索。

如果你是一个资深的海洋爱好者，那么这套书一定能让你对海洋有更多更深的了解。如果你还不了解海洋，那么，从拿起这套书开始，你将会慢慢爱上这个神秘而辽阔的未知世界。如果你是一个在此之前从未接触过海洋的读者，这套书一定会让你从现在开始逐步成长为一名海洋通。

引　言▋

　　广阔蔚蓝的海洋，神奇而又美丽。海洋，也是风雨的故乡，资源的宝库，交通的要道。海洋的总面积为3.6亿平方千米，约占地球总面积的70%。几千年来，海洋中的生物资源，为人类提供了丰富、美味而健康的食物，为人类生命的诞生和繁衍提供了必要的条件。自古以来，人们便将它喻为生命的摇篮，时至今日，海洋中丰富多彩的生物群落，是馈赠给人类最为宝贵的财富之一，那些形态各异、千奇百怪的海洋生物构成了丰富多彩的海底生物世界……

　　海洋，是地球上最复杂多样的生态系统，海洋中的生物多样性要比陆地上的丰富，目前已知的海洋生物物种多达100万种，其中25万种是人类已知的海洋物种，来自80多个国家和地区的2700多名科学家在10年间共发现6000多种新物种，一些海洋物种群体正逐步缩小，甚至濒临灭绝，在海洋中还有很多生物也是掠食的高手。

　　海洋似乎是一个危险丛生的世界，海洋生物论形体千姿百态，论习性千奇百怪，在这个多种生物栖息的场所，也是最早出现弱肉强食的地方，大海里的臣民们想在竞争中立于不败之地，不被大自然所淘汰，就必须适应外界复杂而险恶的生存环境和物种间残酷而激烈的斗争，在生存的博弈中它们都有着令人叫绝的捕食技巧和自卫方式。还有很多生物智慧超群，它们可以开灯发光，也可以变色伪装，更有鱼刺放毒和一触放电的。它们

1

个个身怀绝技，一旦被触犯，便上演生死争斗的悲剧，以捍卫自己的领地和权利。

本书将带领读者走进浩瀚的海洋，探索神秘莫测的海底掠食生物世界，认识千奇百怪的生命，揭秘各种有趣而又鲜为人知的海洋动物生活习性。要保护海洋，就必须先认识海洋，了解海洋。同时通过本书对海洋生物的习性和形态有进一步的了解，对生物的生存与大自然生态平衡的关系有进一步的认识，从而唤醒人们喜欢乃至保护海洋生物的本能。同时也期待，随着未来科技的发展，可以发现更多新奇有趣的海洋物种。

迷惑众生的伪装大师

海底的生物世界千奇百怪，在生存的博弈中它们都各显神通。开着夜灯捕食的琵琶鱼，长着"翅膀"的魔鬼鱼，变色龙一样的八爪鱼，平时它们都沉静地生活在海底深处，一旦遇到猎物，便使出浑身解数，不来个满载而归不罢休。什么是它们擒获对手的利器，它们又是怎样全副伪装迷惑众生的呢？

带灯旅行家——琵琶鱼

琵琶鱼也叫"电光鱼"，它的学名是鮟鱇鱼，而结巴鱼、蛤蟆鱼、海蛤蟆这些说的也都是它。它属于硬骨鱼类，生长在大西洋、太平洋和印度洋等地区。

它是一种形状比较怪异的鱼，胖胖的身体、大大的脑袋、一对鼓出来的大眼睛、大嘴巴里长着两排坚硬的牙齿，相貌十分丑陋。它不仅长相难看，就连发出的声音也像是老爷爷咳嗽一样，所以，海边的渔民也称它为"老头鱼"。

琵琶鱼的身体全长大约有45厘米，最长的琵琶鱼达到2米。体色从褐绿色到灰黑色，各有不同，体表还具有杂色斑点。琵琶鱼身体扁平，头非常大，背鳍和胸鳍发达，还有一条马鞭一样的长尾巴。尾根与鱼身衔接处长有一排锋利的刺，刺尖会产生毒液。从鱼体的背面俯视，很像一把琵琶，因此得名"琵琶鱼"。

琵琶鱼独特的体貌特征也注定它的"捕食工具"也是十分独特。琵琶鱼阴险狡诈，常常摇头摆尾、搔首弄姿来诱惑猎物。大多数动物都是先隐藏后突击敌人，而琵琶鱼却会堂而皇之地把猎物诱骗到自己的餐桌上，一举拿下，然后慢慢享用。在雌鱼头部的吻上有一个钓竿状的结构。"钓竿"的末端有一个肉质的突起，这个突起看上去像极了蠕虫，琵琶鱼常以这些假蠕虫作诱饵来捕获贪食的鱼类。此外，琵琶鱼还会乔装打扮一番，使它看上去与自己的身体分离，像是珊瑚丛中长出的一束水草，以便突击猎物。漆黑的海底，一群鱼儿无忧无虑地寻找着食物，深海处一闪一闪的亮光吸引了鱼儿们的目光，"好奇心"驱使鱼儿游向发光处，然而危险已经在它们的面前。当发现远处一群小鱼向这边游来，它不动声色，当小鱼游到面前时，就突然张开自己的"血盆大口"，把这群小家伙吞到了肚子里。

作为生活在水体底部的人类肉眼可见的鱼类，琵琶鱼的生活环境很隐秘，它一般生活在海平面以下200~500米缺乏光线的海域里，因此它的"钓竿"的末端长有发光器官，这种光线能够发出冷光来帮助琵琶鱼看到诱饵，从而达到诱捕的目的。现在可以知道琵琶鱼被称为"电光鱼"的原因了。琵琶鱼为什么会发光？有一种观点认为：琵琶鱼的发光器官中有一种叫"荧光素"的物质，该物质在荧光素酶的氧化作用下即可发出冷光。这种说法目前尚未被证实，它发光依然是未解之谜。

琵琶鱼的繁殖季节一般是在春夏两季，雄琵琶鱼由于它行动缓慢又生长在黑暗的大海深处，所以，雄琵琶鱼很难找到雌鱼，一旦相遇它们会至死相守。琵琶鱼算是对爱情忠贞不二的典范，雌鱼与寄生在自己体内的雄鱼一齐沉入海底，过起它们浪漫的"二鱼世界"。它们有着绝无仅有的配偶关系，雄鱼和雌鱼之间会产生一种有趣的动态平衡。雄鱼作为附属，会紧紧咬住雌鱼的身体，长期寄生在雌鱼身上，这样两条鱼就血脉相通了。在琵琶鱼孵化的最后阶段，雌鱼会包裹住雄鱼，在这种寄生过程中，雄鱼会逐渐解体，直至完全消失。这样一来，雄琵琶鱼一生的营养是由雌鱼供给的，久而久之，雌琵琶鱼就成了大胃王，再大猎物也能吞下，也就不难理解为什么它的胃中常充满着鲨鱼那样的庞然大物了。由于这种寄生关系，所以它们捕起食来也不用太费力。

水下的蝙蝠——蝠鲼

　　一望无际的大海，生活着千奇百怪的生物，蝠鲼是其中一员。蝠鲼是一种长相非常奇怪的鱼类，蝠鲼这个名字让人联想起蝙蝠，更不禁要问：它到底会不会飞？从外形上看，蝠鲼的样子就同一只展翅飞翔的蝙蝠一样，因此人们俗称它为"蝙蝠鱼"。英文里也叫它魔鬼鱼，听起来令人生畏。

　　蝠鲼自然有它的特别之处，它和大家熟悉的鲨鱼有近亲关系，且同属于软骨鱼类。蝠鲼生活在热带海洋中，中国的南海、台湾海域是它经常出没的场所。

　　蝠鲼有强有力的齿，可以咬碎甲壳，所以常以甲壳类动物为食，它的齿大似板状，有1～7排。头上长有两个突出来的、可以摆动的肉角，叫做"头鳍"，位于眼睛两侧，能够自由地转动。在捕食时，它的两个头鳍像两只手一样不停地摆动，同时迅速把食物拨进宽扁的嘴里，饱餐一顿。

　　蝠鲼的背部为灰绿色，上面覆有白斑，腹部雪白，身体后端还有一条像鞭子一样的长尾巴，在游泳的时候，能够起到平衡的作用。蝠鲼身体扁平，在它身体的两侧，有两个宽阔而扁平的胸鳍，胸鳍前突起一个肉质叶，好像鸭子的嘴，尾部细长，甚至可以和身体等长，尾尖有毒刺。胸鳍与身体相连接，形成一个可以在海洋当中自由"飞翔"的"翅膀"，伸展开后可达5～6米宽。游泳的时候，它的胸鳍能做波浪形摆动，就如同鼓翼飞行的蝙蝠一样。凭借这两个强大的胸鳍，有时可飞出海面滑翔几米，它的身体在6米长左右，体重可达1～4吨。

鲼鳐一般生活在海底深处，两个宽广的胸鳍是它在水中遨游的"翅膀"。每当到了繁殖季节，它们便雌雄相伴，向海面游去。别看它身宽体重，这时的鲼鳐会使劲摆动自己的胸鳍，用力拍击水面腾空跃起，能在距水4米高的空中拖着长尾滑翔。有时鲼鳐一时兴起，跳出水面，它能够跨过人的头顶，越过在海洋中航行船只的甲板，然后落入水中，随之而来的是一声如同开炮一样的巨响，激起无数浪花，即使在数千米外都可以听到这种声响。要是不幸在它跃起时一条小船正在它下面，那么这庞然大物必定造成船毁人亡了。而且很有可能，雌鲼鳐会在腾空飞跃时，就顺便把小鲼鳐也产出来，同时掉入小船中。

蝠鲼的行动十分敏捷，以翼状胸鳍自由翱翔水中，平时栖息底层但常上升停近表层，张口吞食，并运用头鳍转动纳食入口。当它游泳时，头鳍从下向外卷成角状，向着前方；有时成群游泳，雌雄常偕行。蝠鲼主要食浮游甲壳动物，其次食成群的小型鱼类。鳃耙略角质化，呈一系列羽状筛板，起滤水留食作用。母体子宫壁上具乳头状突起，分泌营养液以滋养发育后期的胎儿。胎儿体盘宽0.41米，仔鱼体盘宽1.13米，幼体体盘宽1.44米。蝠鲼肌力大，连凶猛的鲨鱼也不敢袭击它。

形状吓人的蝠鲼种类并不是很多，中国目前发现的只有三种，它们分布在不同的海域：日本蝠鲼分布于南海和东海；无刺蝠鲼见于南海；前口蝠鲼在中国沿岸各海都有分布，资料显示它有季节洄游现象。而角蝠鲼产于加勒比海。蝠鲼在南海整年可见到，每年6～7月洄游至福建、浙江沿海，于8～9月去黄海。10～11月返浙江沿海，12月至翌年2～3月沿原来路线洄游南返。它的肉可食，肝可制油，内脏和骨骼可制鱼粉。

海底魔术师——章鱼

▲章鱼

　　章鱼又称石居、八爪鱼、坐蛸、石吸、望潮、死牛。章鱼和人们熟悉的墨鱼一样，并不是鱼类，它们都属于软体动物。章鱼有八只像带子一样长的脚，弯弯曲曲地漂浮在水中。章鱼有着与众不同的相貌和超乎寻常的智商，人们熟知的章鱼有8个腕足，腕足上有许多吸盘；有时会喷出黑色的墨汁，帮助其逃跑。

　　中国常见的章鱼有短蛸、长蛸、真蛸等。其中真蛸是中国重要的渔业捕捞对象，主要分布于东南沿海。全世界章鱼有650种，它们的大小有很大差异。最小的章鱼是乔木状章鱼，它有6～7厘米长，最大的可达到60厘米，吸足展开可达到10米。典型的章鱼的身体呈囊状；头与躯体分界不明显，它的8条腕都有两排肉质的吸盘，可以有力地握持他物。腕的根部与称为"裙"的蹼状组织相连，它的中心部有口。口上面一对尖锐的角质腭及锉状的齿舌，用来钻破贝壳，刮食其肉。

它的神经系统是无脊椎动物中最复杂、最高级的，包括中枢神经和周围神经两部分，而且在脑神经节上又分出听觉、嗅觉和视觉神经。它的感觉器官中最发达的是眼，眼不但很大，而且睁得圆鼓鼓的、一动也不动，像猫头鹰似的。眼睛的构造又很复杂，前面有角膜，周围有巩膜，还有一个能与脊椎动物相媲美的发达的晶状体。此外，在眼睛的后面皮肤里有个小窝，这个不同寻常的小窝是专管嗅觉用的。

章鱼是雌雄异体的。雄体具一条特化的腕，称为化茎腕或交接腕，用以将精包直接放入雌体的外套腔内。普通章鱼于冬季交配。卵长约0.3厘米，总数达10万以上，产在岩石下或洞中。幼体于4～8周后孵出，孵化期间雌体守护在卵旁，用吸盘将卵弄干净，并用水将卵搅动。幼章鱼形状酷似成体，孵出后需随浮游生物漂流，几周内沉入水底隐蔽。

大部分章鱼用吸盘沿海底爬行，但受惊时会从体管喷出水流，喷射的水力强劲，从而迅速向反方向移动。章鱼遇到危险时会喷出墨汁似的物质，作为烟幕，主要以蟹类及其余甲壳动物为食。章鱼被认为是无脊椎动物中智力最高者，又具有高度发达的含色素的细胞，故能极迅速地改变体色，变化之快亦令人惊奇。

▲海洋动物

章鱼之所以

能在大海里横行霸道，是与它有着特殊的自卫和进攻的"法宝"分不开的。首先，它有8条触手，每一条触手上有300个吸盘，落入其手的猎物没有能逃脱的。即使在它睡觉的时候，也会留有一两条值班，出现敌情，触手可以马上做出反应，保护自己。第二个法宝，章鱼能够变色，它一次可以变出6种颜色。它可以改变成和周围几乎一样的颜色，保护自我的同时还可以很好地捕捉猎物和躲避敌害。第三个法宝，章鱼能够喷射墨汁。原来章鱼身体里有一个墨囊，它能一次、两次或者连续六次向外喷射墨汁，墨液不但黑色浓郁，还含有麻醉物质，用来在危险的时候混沌现场，弄昏对手，保护自己逃脱。第四个法宝就是它有很强的再生能力，能在危急关头断腕，舍弃几条触手逃得性命。如果章鱼碰到劲敌逃跑不了，它只好把它的8条触手扔出几条给对方，对方吃触手就不攻击章鱼了，趁此机会章鱼赶快溜走。它断触手的地方，肌肉能使劲收缩，一点也不流血。过不了几天就在它断触手的地方又能长出一个新的触手。第五大法宝，就是它有变形脱身的绝技。章鱼是软体动物，没有骨骼，能任意变形，能通过很小的狭缝孔洞移动身体，所以被它追捕的猎物根本是无处可躲的。

　　章鱼有较发达的神经系统，章鱼本身非常聪明，对人又很亲善，所以欧洲有些地方的渔民，很早就知道训练章鱼捕捉海底的贝、蟹甚至鱼类。章鱼天性好奇、肯学，还有很好的记忆，对掌握的经验永不忘记，所以可以说章鱼是海洋的精灵。

超级伪装师——叶海龙

叶海龙生活在澳大利亚南部沿海相对寒冷的水域里，它长着一个"管状"嘴巴，有须有角，全身呈现金黄色，看起来极像中国神话传说中的龙，所以被称为"叶海龙"或"海藻龙"。叶海龙和海马属于同一家族，在形态、生活习性和食物习性方面都很相似。而海龙的身体比海马大一些，海龙的头部和身体有叶状附肢，尾巴也不像海马的可以盘卷起来。一旦游动起来，婆娑多姿，因此被称为"世界上最优雅的泳客"。叶海龙没有牙齿和胃，它们靠吃磷虾为生，生活在10～12℃的低温浪少水域，它无疑是海洋鱼类中最让人惊叹的生物之一。

叶海龙一般长度可达45厘米，它多半由骨质板组成，且延伸出一株株像海藻叶瓣状的附肢，可以让叶海龙伪装成海藻，安全地隐藏在海藻丛生、水流极慢且未受污染的近海水域中栖息与觅食。海龙没有牙齿，它们的嘴像吸管一样，能把浮游生物和像小虾的海虱吸近肚子里。草海龙的大小与叶海龙差不多，不同的是草海龙有红色、紫色与黄色等体色，有的胸上有宝蓝色条纹，身上和尾部的附肢也比叶海龙细小，外表比较接近海马。

叶海龙属于海龙科，与海马和管状鱼属同一家。叶海龙主要栖息在隐蔽性较好的礁石和海藻密集丛生的浅海水域。栖息水域的一般深度为4～30米，但在50

米深的水域也可以发现叶海龙的踪影。幼体的叶海龙一般生活在较浅的水域，而成体叶海龙则喜欢生活在10米深的海域。

叶海龙是海洋生物中杰出的伪装大师，它伪装的道具是精细的叶状附肢。叶海龙的身体由骨质板组成，并向四周延伸出一株株海藻叶一样的瓣状附肢。此外，叶海龙还利用其独特的前后摇摆的运动方式伪装成海藻的样子以躲避敌害。成体叶海龙的体色的变化可因个体差异以及栖息海域的深浅而从绿色到黄褐色各不相同。

叶海龙没有牙齿，它的嘴巴很特别，长长的像吸管一样，这一结构特点使得叶海龙适应于吮吸的摄食方式，可把浮游生物、糠虾及海虱等其他小型的海洋生物吸进肚子里。

与海马一样，叶海龙孵育后代的重任也是由雄性完成的，每年8月到翌年3月是海龙的繁殖季节，在交配期间，雌海龙将150～250个卵排在雄海龙尾部的育婴囊中，雄海龙就孕育着这些小海龙蛋长达6～8个星期，直到它们变成迷你海龙宝宝，再把它们生出来。

叶海龙虽然不像其他神秘海洋动物那样难觅踪影，但亲眼见到这种特殊生物的人却变得越来越少了。由于环境污染和工业废物流入海洋，叶海龙已濒于灭绝。不但澳洲南部浅海水域污染的问题愈来愈严重，海龙美丽可爱的模样、不易迅速游动的身躯、平常保静止不动的习性，也使它们经常遭到一些不道德的人的捕捉，部分国家已将叶海龙列为重点保护珍稀动物。目前这两种海龙都已被列为保育动物，特别是外表细致华丽的叶海龙，更是相当稀少珍贵。

迷幻小醉汉——襞鱼

人们常惊叹于大自然的神奇美妙，在南太平洋的新喀里多尼亚岛附近有一种海鱼，叫襞鱼。它色彩斑斓，善于伪装，胸鳍强壮，在海底用胸鳍"爬行"，遇到猎物攻击速度很快，襞鱼停在一块岩石之上，它看起来很像珊瑚。它同时也存在于巴布亚新几内亚和印度尼西亚群岛周围的海域内。这里有著名的三角形珊瑚礁群，非常适合它的生长。襞鱼绝对可以称得上是一种非常聪明的生物，有惊人的伪装术，擅长表演失踪的把戏，再利用头前的诱饵，在捕食前静藏、隐身、舞动头前的诱饵，等鱼儿来觅食，即可一口吞食。人们通常将它叫做"迷幻襞鱼"。

迷幻襞鱼的皮肤呈胶状，显现肥胖、肉质厚而松软，它的皮肤上覆盖着白色条纹，这些白色条纹从眼睛呈放射状向身体蔓延。这种白色素可以使它的皮肤

▲襞鱼

色彩更加绚烂多彩，更便于混入海底五颜六色有毒的珊瑚丛中寻求庇护。

迷幻躄鱼的形态体色是拟态，迷幻躄鱼是一种具有视觉欺骗性，却没有毒性的鱼类，它的进化方式是模拟美丽多彩的有毒动物。迷幻躄鱼具有非同寻常的颜色辨别能力，能模仿多个硬珊瑚种类，硬珊瑚通常是这种凝胶状鱼类的藏身地。每一条的外形就如同人的指纹一样独特。此外，科学家认为迷幻躄鱼脸部周围的多肉组织就像猫的胡须一样，可以助其在黑暗中锁定猎物或其他物体的位置。

迷幻躄鱼在其面部的外轮廓可能有一种感官结构，就如同猫胡须一样具有灵敏的感知能力，这种鱼通过面部外轮廓感官结构能够感触到一些海底洞穴内部石壁的状况，便于在珊瑚礁之间狭小的空间进行探索。这种鱼的下颚长着2～4排不对称的小牙齿，可用于咀嚼更小的鱼类、虾以及其他海洋生物。这种鱼喜欢成双成对地活动，它们经常会隐藏得非常好，只有当潜水员在海底碎石中仔细地观察才会发现它们的踪迹。它们一旦被发现，迷幻躄鱼就会立即试着脱离潜水员的视线范围，进入海底岩石裂缝中，或很大程度地扭曲自己的身体钻进某个小洞中。它还有一个显著特征：它会充分利用自己的腹鳍探索自己所在的环境和位置，就如同我们使用手一样。

迷幻躄鱼通过海洋水流推进抵达海洋的各个角落，并且通过完全张开自己的身体，形成充分的身体张力在水中前进。而在前进游水的时候，它们会把尾巴紧紧地卷曲向身体的一边，这个时候的它们看起来就像一个膨胀鼓起的皮球，在海底跳来跳去。

梦幻杀戮者——海葵

海葵的外观看上去很像花朵，但其实是捕食性动物。它是种无脊椎动物且没有骨骼，它的构造非常简单，没有中枢信息处理结构，因此，它连最低级的大脑基础也不具备。它通常依附在海底固定的物体上，形态跟岩石和珊瑚类似。海葵通常身长2.5～10厘米，但有一些甚至可长到1.8米。

海葵口盘中央为口，周围有触手，少的仅十几个，多的达上千个，如珊瑚礁上的大海葵。触手一般都按6或6的倍数排成多环，彼此互生；内环先生较大，外环后生较小。触手上布满刺细胞，用作御敌和捕食。大多数海葵的基盘用于固着，有时也能缓慢移动。少数无基盘，埋栖于泥沙质海底，有的海葵能以触手在水中游泳。

▲海葵

海葵共有1000多种，外表很像植物，其实却是动物。它栖息于世界各地的海洋中，从极地到热带、从潮间带到超过10 000米的海底深处都有分布，而数量最多的还是在热带海域。暖海中的个体较大，呈圆柱形。在岩岸贮水的石缝中，常见体表具乳突的绿侧花海葵。在中国东海，太平洋侧花海葵数量很多，每平方米可达数百至近万个。

海葵的单体呈圆柱状，柱体开口端为口盘、封闭端为基盘。口盘中央为口，口部周围有充分伸展的软而美丽的花瓣状触手，犹如生机勃勃的向日葵，因而得名。触手的数目因种而异，但内环者大于外环，数目均为6的倍数，具有摄食、保卫和运动的功能。附着端的基盘，可分泌腺体吸附于石块、贝壳、海藻或木桩等硬物上。口盘的直径大多为几厘米，但栖息于北太平洋沿岸和澳大利亚大堡礁的巨型海葵口盘直径可达1.5米之巨。

海葵各大洋都有分布，从潮间带到超过10 000米深处，有的生活于淡咸水中。海葵广布于海洋中，多数栖息在浅海和岩岸的水洼或石缝中，少数生活在大洋深

▲海洋生物

渊，最大栖息深度达10 210米。在超深渊底栖动物组成中，所占比例较大。这类动物的巨型个体一般见于热带海区，如口盘直径有1米的大海葵只分布在珊瑚礁上。

海葵的食性很杂，食物包括软体动物、甲壳类和其他无脊椎动物甚至鱼类等。这些动物被海葵的刺丝麻痹之后，由触手捕捉后送入口中。在消化腔中由分泌的消化酶进行消化，养料由消化腔中的内胚层细胞吸收，不能消化的食物残渣由口排出。

海葵多数不移动，有的偶尔爬行，或以翻筋斗的方式移动。多数海葵喜独居，个体相遇时也常会发生冲突甚至厮杀。二者触手接触后都立即缩回去，若二者属同一无性生殖系的成员，就逐渐伸展触手，像朋友握手相互搭在一起，再无敌对反应。若属不同繁殖系的成员，触手一接触就缩回，再接触再缩回，然后彼此剑拔弩张，展开一场厮杀。先是口盘基部的特殊武器即边缘结节胀大，内部充水，变成锥形，继而体部环肌收缩，使身体变高，然后将整个身体向对方压去，在压倒对方的一刹那，立即将延长的结节朝对方刺去，结节顶端有大的有素毒的刺胞，若刺到对方会立即射出毒液。双方总是你来我往，以牙还牙。它们争斗的主要目的是争夺生存空间。

海葵为雌雄同体或雌雄异体。在雌雄同体的种类中，雄性先熟。多数海葵的精子和卵是在海水中受精发育成浮浪幼虫；少数海葵幼体在母体内发育。有些种类通过无性生殖，由亲体分裂成两个个体；还有些种类是在基盘上出芽，然后发育出新的海葵。

海葵那美丽而饱含杀机的触手虽然厉害，但却以少有的宽容大度，允许一种6～10厘米长的双锯鱼自由出入并栖身其触手之间，它们有的独栖于一只海葵中，有的是一个家族共栖其中，以海葵为基地，在周围觅食，一遇到险情就立即躲进海葵触手间寻求保护。它们这种关系属共生关系，海葵保护了双锯鱼，双锯鱼为海葵引来食物，互惠互利，各得其所。除双锯鱼外，还有小虾、寄居蟹等十几种动物与海葵共生。

科学家还发现海葵的寿命大大超过海龟、珊瑚等寿命达数百年的物种，它们的年龄竟达到1500～2100岁，是世界上寿命最长的海洋动物。`

　　海兔是一种螺类，又叫海蛞蝓。它是甲壳类软体动物家族中的一个特殊的成员。海兔喜欢栖息在海底，通过研究发现，通体碧绿的海兔似乎是动物与植物的混合体，这也是科学家发现的第一种可生成植物色素——叶绿素的动物。

　　海兔的贝壳已退化成一层薄而透明、无螺旋的角质壳，被埋在背部外套膜下，从外表根本看不到。海兔的个体非常小，一般体长仅10厘米，体重130克左右。它不是哺乳动物，体外无皮毛。它属于软体动物门腹足类动物，体呈卵圆形，运动时身体会出现变形。

　　海兔不是兔，它耸起两只耳朵，那实际是它的触角，头上一前一后，这两对触角，后面触角比较长，当海兔不动时，很像一只蹲在地上的长耳朵小白兔，因而称为海兔。海兔头上的触角，前面一对稍短，专管触觉；后一对稍长，专管嗅觉。海兔在爬行时，后

▲海蛞蝓

面那对触角分开呈"八"字形，向前斜伸着，嗅四周的气味，休息时这对触角立刻并拢，笔直向上，像极了兔子的两只长耳朵。

海兔的贝壳呈卵圆形。螺旋部分很小，而且只有2～3层螺层，螺塔低平。壳顶部呈斜截断状，通常雕刻有精细的螺旋沟。海兔的软体部分外翻，可以包住内壳。软体部分呈现白色或者淡黄色，肥厚而扁平，宽大呈长方形或者狭窄呈细筒状。海兔的头部很大，几乎等于身体长度的1/2。海兔是雌雄同体的生物，雌雄两个生殖孔间有卵精沟相连。

海兔广泛分布于世界各地的海域中，目前已经发现的有11种，除了海岸边的潮间带水区的泥沙质海底，在水深5000米的地方和寒冷的极地也能找到海兔的踪迹。海兔用头部挖掘泥沙，吞食小型无脊椎动物，是典型的食肉类软体动物。在繁殖期内，海兔互相交尾产卵，卵呈长筒圆柱形，用胶柄固着在海底的砂石上。

海兔喜欢在海水清澈、畅通，并有海藻的环境中生活，它的捕食本领很特殊，吃哪种海藻就变成哪种颜色。海兔御敌能力可谓进退兼顾，有时能消极避敌，有时又能积极防御。这是因为在海兔体内有两种腺体，一种叫紫色腺，生在外套膜边缘的下面，遇到敌人时放出紫红色液体，将海水染成紫色，自己立即逃脱。另一种毒腺在外套膜前部，它分泌的乳状液体的气味，可使对方一旦接触到这种液汁便中毒继而伤亡，没想到小小的海底生物也有如此强的化学武器。

海兔一般在春季繁殖，雌雄同体的海兔进行异体受精。海兔的交尾方式很特别：一般常三五个到十几个联成一串进行交尾，而最前面的海兔充当雌体，最后面的一个作为雄体，中间的则对它前面的海兔充当雄体，对它后面的海兔充当雌体，这种交尾时间通常要持续几小时或更长。遗憾的是，海兔虽然产卵很多，但能孵化的卵却很少。因为它的卵都被其他动物吞食掉了。

海兔的种类很多，常见的有"黑指纹海兔""蓝斑背肛海兔""斑拟海兔"。

日本的一位教授，从海兔体内提取了一种名为"阿普里罗灵"的化合物，通过动物实验，认为可作为抗癌剂，它的杀癌能力可与现在作为制癌药剂的肿瘤坏死因子效力不相上下。而且这种制剂只对癌细胞起杀灭作用，对正常细胞无毒性，海兔的药用价值使这一小生物的知名度再一次得到了提升。除此以外，海兔还具有消炎退热、润肺、滋阴等功效。民间验方，以海粉丝放置水中浸泡，加冰糖炖服，能治发烧、咳嗽等疾病。同时海兔又是酷暑季节不可多得的保健抗暑佳肴。

▼海鱼

神奇隐身鱼——比目鱼

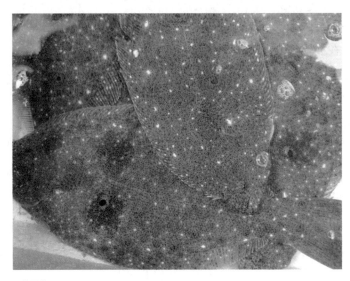

▲比目鱼

　　比目鱼栖息在浅海的沙质海底，以捕食小鱼虾为食。它最显著的特征是，两眼完全在头的一侧；另一特征为体色，有眼的一侧（静止时的上面）有颜色，但下面无眼的一侧为白色。其他特征为沿背腹缘分别具长形的背、臀鳍。

　　比目鱼属于海水鱼，它通常分布在沿赤道诸大洋西侧，种类特多，它们主要生活在温带水域，是温带海域重要的经济鱼类，黄海、渤海沿岸寒流强且有黄海冷水团，冷温性种类较多，西太平洋南海等未受冰川期的强烈影响，种类也很多。也有少数种类，在中国可进入江河淡水区生活。

　　比目鱼的身体表面有极细密的鳞片。比目鱼只有一条背鳍，从头部几乎延伸到尾鳍。比目鱼的体型各异，小型种仅长约10厘米，而最大的大西洋大比目鱼有2米长，重达325千克。

比目鱼被认为需两鱼并肩而行，因此而得名比目鱼。比目鱼的眼睛是怎样凑到一起的呢？原来，从卵膜中刚孵化出来的比目鱼幼体，完全不像父母，而且跟普通鱼类的样子很相似。比目鱼幼体眼睛对称长在头部两侧，它们生活在水的上层，常常在水面附近游泳。大约经过20天，比目鱼幼体的形态开始变化。当比目鱼的幼体长到1厘米时，奇怪的事情发生了。比目鱼一侧的眼睛开始搬家。它通过头的上缘逐渐移动到对面的一边，直到跟另一只眼睛接近时，才停止移动。不同种类的比目鱼眼睛搬家的方法和路线有所不同。比目鱼的头骨是由软骨构成的。当比目鱼的眼睛开始移动时，比目鱼两眼间的软骨先被身体吸收。这样，眼睛的移动就没有障碍了。比目鱼的眼睛移动时比目鱼的体内构造和器官也发生了变化。比目鱼已经不适应漂浮生活，只好横卧海底了。

比目鱼的生活习性非常有趣，在水中游动时不像其他鱼类那样脊背向上，而是将有眼睛的一侧朝上，侧着身子游泳。它的日常功课就是平卧在海底，身体上盖上一层砂子，只露出两只眼睛以等待捕食。这样看来，两只眼睛在一侧也是一种优势，当然这也是比目鱼在进化过程中利于生存的一种方式。

由于它特殊的眼睛，所以，比目鱼在游动的时候需要两条同类别的鱼并排来辨别方向。一般比目鱼都有着成双成对的寓意。因此，比目鱼被人们看成是爱情的象征。

这样特别的鱼，有关它的传说自然不少。有一个传说是这样的：比目鱼的国度里没有秩序，它们早已不满意了。有鱼提议："如果我们有个鱼王，在我们这里执行法律，那就好了。"于是大家商量选那个在潮水里游得最快，能够帮助弱者的鱼来做鱼王。它们在岸边排队，鲸鱼用尾巴做一个记号，大家看到信号一起用力游。鲸鱼像箭一样地去了，同它一起的有青鱼、海底鱼、鲈鱼、鲤鱼以及其他各种各样的鱼。比目鱼也跟在一起游着，希望达到目的。忽然有鱼叫唤道："青鱼上了前！青鱼上了前！"那扁平的、猜忌的比目鱼落在后面很远，急躁地喊道："谁在前面？谁在前面？"回答是："青鱼，青鱼。"它妒忌的叫道："是赤条条的青鱼吗？是赤条条的青鱼吗？"从此，比目鱼就受到惩罚，口是歪的。

▲海鳗

骇人听闻的剧毒杀手

　　每当我们谈到海洋中潜藏的危险，首先就会想起那些凶猛的海洋生物，它们的确令人生畏，但是，即使是可怕的鲨鱼，其中也有250多种都不会主动攻击人类。对人类而言，最危险的海洋生物莫过于那些不易察觉、色彩斑斓的小型海洋"居民"。这些表面看来似乎无害的小生灵，却个个都是使毒的高手，杀人于无形。

海中瘟神——澳洲艾基特林海蛇

生活在海洋里的艾基特林海蛇在毒王榜上排名第二，与箱水母居住于同一个海域。它的外形看起来始终是张着一张大嘴，躯干略呈圆筒形，身体细长，后端及尾侧扁平。它的毒性比眼镜王蛇还要毒，如果被它咬一口，几十分钟内便会死亡。可见"海中瘟神"可不是浪得虚名的。澳洲艾基特林海蛇攻击的方法是用最快的速度，将对手置于死地，让对方根本没有回手之力，是最稳妥的攻击法。

澳洲艾基特林海蛇也叫"青环海蛇"，"斑海蛇"，属爬行纲海蛇科。它主要分布在热带海域，一般在澳大利亚海湾浅水带常见，它虽然生活在海洋里，却是一种爬行动物。它的体长有1.5～2米，背部深灰色，腹部黄色或橄榄色。全身具黑色环带55～80个。它非常擅长游泳，以捕食鱼类为生，胎生。

中国沿海有23种海蛇，主要分布在中国辽宁、江苏、浙江、福建、广东、广西和台湾近海，其中广东、福建沿海海蛇资源丰富，以北部湾最多。海蛇喜欢集群居，常常成千条在一起顺水漂游，便于捕捞。海蛇具有趋光性，晚上用灯光诱捕收获更多，中国沿海每年可捕到5万多千克。福建平潭、惠安、东山等各沿海县每年捕获可达1万多千克。海蛇营养丰富。福建、广东、海南等省，岛屿星罗棋布，港湾众多适宜海洋蛇类的生长繁殖，资源丰富，应开发利用，前景广阔。

世界上最毒的动物是号称"毒蛇之王"的眼镜蛇，但海蛇毒性比它还要大。据资料记载，生活在澳洲的艾基特林海蛇被列为世界10种毒性最烈的动物之一。海蛇之所以能迅速解决对手，是因为其毒液作用于神经，猎物中毒之后，肌肉迅速麻痹，呼吸衰竭，心脏停止跳动。蛇类中分泌神经毒液的致死时间普遍短于分泌血液毒液的时间。

虽然海蛇毒性巨大，但它也是名副其实的海宝，海蛇的蛇毒可制成治癌药物"蛇毒血清"。还可以用于治毒蛇咬伤、坐骨神经痛、风湿等病，并可提取十多种活性酶；蛇血治雀斑也十分见效；蛇油可制软膏、涂料；蛇胆浸药酒，有补身和治风湿之功效。总之，海蛇全身皆是宝。海蛇在国际市场长期供不应求，仅菲律宾有少量出口。美国一家公司经营的青环海蛇毒每克售价7800多美元，比黄金贵上百上千倍，可见其贵重程度。

▲旅顺蛇博物馆

蛇王之王——贝尔彻海蛇

目前世界上约有700种蛇有毒，而最毒的蛇是贝尔彻海蛇，它的毒性比任何陆地蛇都大许多倍。称它为世界上第一毒的蛇真是名属实归，它生活在澳大利亚西北部的阿什莫尔群岛的暗礁周围。

在纪录片里人们常看到介绍最毒的蛇，感觉上是陆地上的比较毒，其实不然，海蛇因为海水盐度的关系，毒液的浓度比较高。陆地上最毒的蛇是分布在澳洲北部、新几内亚的太攀蛇，一条蛇的毒液能毒死25万只老鼠。这些有毒的动物令人生畏。

海蛇是一类终生生活于海水中的毒蛇。它的体形与陆蛇相似，它们的差异在其侧扁如摇橹的尾部，海蛇大多有毒，但其头部多与无毒的陆蛇一样，为椭圆形而非三角形。海蛇的鼻孔朝上，有瓣膜可以后闭，吸入空气后，可关闭鼻孔潜入水下达10分钟之久。身

▲毒蛇

体表面有鳞片包裹，鳞片下面有厚厚的皮肤，可以防止海水渗入和体液丧失。舌下的盐腺，具有排出随食物进入体内的过量盐分的机能。小海蛇体长0.5米，大海蛇可达3米左右。它们栖息于沿岸近海，特别是半咸水河口一带，以鱼类为食。由于海蛇的外形状态，贝尔彻海蛇经常被误认为是钩鼻海蛇及青环海蛇。

贝尔彻海蛇虽然毒性很强，但其性情却极为温和，除非受到强烈敌意对待才进行咬击。这些咬击事件，通常发生于渔民捕鱼收网的时候，多数时候贝尔彻海蛇不会怀有恶意，也很少向对手注入大量毒素。部分专家及蛇类爱好者都认为，虽然贝尔彻海蛇毒性强，但钩鼻海蛇及内陆太攀蛇的毒素更具危险性，基于这几点，贝尔彻海蛇尚未被列为极其危险的蛇类。

海蛇发源于澳洲与东南亚区域，它为变温动物，无法在寒冷水域生存。美洲与非洲大陆南端的寒流与红海高盐度高温及巴拿马层层水闸，阻止了海蛇进入大西洋，所以海蛇只分布于热带与亚热带的太平洋及印度洋海域。

海蛇的种类并不多，世界上公认的约有50种，而中国只有19种，基本分布于广东、广西、福建、台湾、浙江、山东、辽宁等地的沿岸近海。贝尔彻海蛇主要分布在印度洋海域，包括菲律宾群岛、新几内亚、泰国海岸、澳大利亚群岛、所罗门群岛等地，尤多出没于帝汶海的亚什摩及卡地尔群岛一带。

　　海蛇既然毒性如此的强，那么被它咬到一定痛彻身心，可是事实恰恰相反，被海蛇咬通常没有剧烈的感觉，更奇怪的是，有时不仅无痛而且没有水肿现象；各种症状从一开始时都显得很轻微，但它的毒性会慢慢发挥威力，在逐渐恶化的过程中，患者可能会感到轻微焦虑、头晕，有时会有轻飘飘的陶醉感。贝氏海蛇的蛇毒是细胞毒素，作用于随意肌，毒性发作后，患者的舌头会肿胀导致吞咽困难，肌肉无力可能恶化直至全身瘫痪。

　　避免海蛇的攻击非常简单，只要不刻意接近海蛇，它是不会主动袭击人类的。当发现海蛇游近时，要保持镇定静止，待它离去再逃离或采取行动。潜水者更要非常小心谨慎地对待海蛇。海蛇多为神经毒，目前尚无血清可以解毒。对有如此剧毒而又温顺的蛇，敬而远之也许是最好的防御方法。

青环海蛇属于个体较小的蛇类，它们生活在北起菲律宾岛、南到大洋洲北部的地区。海蛇和眼镜蛇有密切的亲缘关系，因此它们都是剧毒蛇。世界上大多数海蛇都聚集在大洋洲北部至南亚各半岛之间的水域内。

西至印度海岸的广大海区有一种历史最古老的青环海蛇——锉蛇，这是青环海蛇中少有的无毒蛇类，体长在60～100厘米之间，肌肉松软，身体呈黄褐色，表面有很细的粒状鳞片。锉蛇的心血管和呼吸的生理机能非常适于水中生活，它的血红蛋白输氧效率特别高，潜水时的心跳可降到每分钟1次以下。它在水中的潜伏时间可以长达5小时之久，而在这期间的呼吸功能有13%是通过皮肤进行的。锉蛇唇部的组织和鳞片能将

▲青环海蛇

剧毒海蛇——青环海蛇

嘴封得滴水不漏，下颌有一个盐分泌腺，用来分担肾脏排泄盐分的沉重负担。锉蛇现在已十分少见了。

青环海蛇喜欢在大陆架和海岛周围的浅水中栖息，在水深超过100米的开阔海域中很少见。它们有些喜欢待在沙底或泥底的浑水中，有些却喜欢在珊瑚礁周围的清水里。青环海蛇潜水的深度不等，有深，有浅。曾有人在四五十米水深处见到过青环海蛇。浅水青环海蛇的潜水时间不会超过30分钟，在水面上停留的时间也很短，每次只是露出头来，很快吸上一口气就又潜入水下了。

深水是青环海蛇喜欢的区域，尤其是在傍晚和夜间更是不舍得离开水面了。青环海蛇具有集群性，常常成千条在一起顺水漂游，便于捕捞，还具有趋光性，晚上用灯光诱捕收获更多。

青环海蛇对食物是有选择的，很多青环海蛇的摄食习性与它们的体型有关。有的青环海蛇身体又粗又大，脖子却又细又长，头也小得出奇，这样的青环海蛇几乎全是以掘穴鳗鱼为食。有的青环海蛇以鱼卵为食，这类青环海蛇的牙齿又小又少，毒牙和毒腺也不大。

在青环海蛇的生殖季节，它们往往聚拢在一起，形成绵延几十千米的长蛇阵，这就是青环海蛇在生殖期出现的大规模聚会现象。个别时候有的港口会因青环海蛇群浮于水面而使整个港口沸腾起来。完全水栖的青环海蛇繁殖方式为胎生，每次产下3～4尾20～30厘米长的小青环海蛇。而能上岸的青环海蛇，依然保持卵生，它们会在海滨沙滩上产卵，任由自然孵化。

任何动物都有天敌，青环海蛇也不例外。海鹰和其他肉食海鸟是主要以青环海蛇为食的，它们一看见青环海蛇在海面上游动，就迅速从空中俯冲下来，衔起一条远走高飞。尽管青环海蛇凶狠，可一旦离开了水它就如丧家之犬，完全没有了自卫能力。另外，有些鲨鱼也以青环海蛇为美餐。

毒性青环海蛇的毒液属于最强的动物毒。青环海蛇毒液的成分是类似眼镜蛇毒的神经毒，然而奇怪的是，它的毒液对人体损害的部位主要是随意肌，而不是神经系统。青环海蛇咬人无疼痛感，其毒性发作又有一段潜伏期，被青环海蛇咬伤后30分钟至3小时内都没有明显中毒症状，然而这很危险，容易使人麻痹大意。实际上青环海蛇毒被人体吸收非常快，中毒后最先感到的是肌肉无力、酸痛，眼睑下垂，颌部强直，有点像破伤风的症状，同时心脏和肾脏也会受到严重损伤。被咬伤的人，可能在几小时至几天内死亡。多数青环海蛇是在受到骚扰时才伤人。

青环海蛇和陆生蛇一样，有较高的经济价值，它的皮可用来做乐器和手工艺品；蛇肉和蛇蛋可食，味道很鲜美；某些内脏可入药。据《神农本草经》记载，青环海蛇有过入药的先例，青环海蛇的祛风燥湿、通络活血、攻毒和滋补强壮等功效都非常良好，常用于风湿痹症、四肢麻木、关节疼痛、疥癣恶疮等症的治疗。

中药研究机构比较分析了青环海蛇的化学成分，发现青环海蛇含氮量高达9.94%，比陆地蛇多出1.03%，脂肪含量比陆地蛇高0.53%，氨基酸总量比陆地蛇高5.2%，其中人体必需氨基酸——赖氨酸、苏氨酸、亮氨酸、异亮氨酸等均比陆地蛇高出16%以上，以此也证明青环海蛇原生药使用安全、无毒。青环海蛇胆与陆地蛇胆一样可用于治疗咳嗽、哮喘等呼吸道疾病。青环海蛇油沿海渔民常熬制青环海蛇油外用于水火烫伤、冻疮、虫蚊叮咬等。同时，青环海蛇肉煲粥是清凉解毒的美食佳肴。青环海蛇制成的酒有驱风、活血、止痛的功效。

剧毒海蛇——钩鼻海蛇

▲海蛇

　　海洋里第二毒的蛇——钩鼻海蛇也叫做裂颏海蛇，它主要分布于阿拉伯海及波斯湾、非洲塞舌尔及马达加斯加、南中国海，包括巴基斯坦、印度、孟加拉国一带，东南亚地区包括孟买、泰国、越南、澳大利亚及新几内亚等地区的海域。

　　钩鼻海蛇体形较纤细，呈灰白色，上面有不连贯的浅蓝色斑纹。下颌的下方有一相当大的铲状鳞，头部皮肤松弛，这样可以使口张得很大。

　　钩鼻海蛇鼻间与吻部以两片鳞片区隔，眶前及眶后均有1～2片鳞片。额角有1～3片鳞片。上唇有7～8片鳞片，第4片（有时连同第三片）指向双眼。下唇鳞片并不明显。其鳞片构造如尖刺般突起，背鳞有50～70片，腹鳞则有210～314片，比背鳞稍大。钩鼻海蛇的背部体色为深灰色，两侧及腹部则呈白色。幼蛇阶段时身体以橄榄色或灰色为主，有黑色横纹。成年钩鼻海蛇体长约为1.1米，尾巴则长19厘米。

钩鼻海蛇主要分布于印度一带的海岸及海岛，属于

▲蛇

当地最常见的20多种海蛇之一。它们每天都非常活跃，一般潜入100米深的海洋之中，一下去便潜伏达 5 个小时之久。海蛇的舌头有盐分分泌线，能将身体多余的盐分排除。

钩鼻海蛇虽然有毒，但并不具很强侵略性，即使被渔夫挟持也不会害怕，或者伤人，不过一般渔人看到钩鼻海蛇都会立刻将其扔回大海中。钩鼻海蛇的毒素烈度为眼镜蛇的4～8倍。可以这样推算，约1.5毫克的钩鼻海蛇毒素就足以使人毙命。钩鼻海蛇主要以鱼类为食。在中国香港及新加坡，钩鼻海蛇是可被食用的蛇类之一。

如果人们在波斯湾或印度沿海岛屿周围逍遥，一定要时刻警惕钩鼻海蛇激起的细碎波纹。

剧毒海蛇——长吻海蛇

长吻海蛇又称黄腹海蛇，值得一提的是，它类属的科目属下只有长吻海蛇一个物种，它主要分布于世界上的热带海域。它体长50~70厘米，最长达1米。头呈狭长状，吻长，吻端到眼的长度大于两眼间宽度，它的鼻孔开口于吻背，有瓣膜司开闭。躯干和尾部较侧扁。背部深棕色或黑色，腹部为鲜明的黄色。尾部可有5~10块黄斑。长吻海蛇栖息于海洋，能远离海岸，很喜欢集大群在海面上晒太阳。小型鱼类是它们的主要食物，偶尔也吃些甲壳类动物。它也是一种神经毒类毒蛇，但作用于横纹肌，故称肌肉毒。

长吻海蛇是卵胎生蛇类，在温暖海洋中进行繁殖，每年产蛇仔两条以上。雌蛇怀孕期在6个月左右。长吻海蛇从不在陆地上活动，一般出没于海水中，有时更会聚集成千上万条同类于水面上游弋。长吻海蛇能分泌神经毒素，经常用以猎杀鱼类。目前未有人类被其咬伤中毒并引致死亡事件的报告。长吻海蛇出没于太平洋海域，也是众多海蛇中唯一会出没于夏威夷群岛的一种。

长吻海蛇分布在印度洋、孟加拉湾、印度、巴基斯坦、马尔代夫、马来西亚一带的太平洋海域（日本、南中国海、波斯湾）；马来半岛海岸、印澳群岛、新几内亚、泰国湾、菲律宾、安达曼群岛、韩国、俄罗斯、马达加斯加、坦桑尼亚、澳大利亚（新南威尔士、北领地、昆士兰、塔斯马尼亚、维多利亚州、西澳州）、新西兰及所罗门群岛等地区沿海，均可发现长吻海蛇的踪影。另外，美国加利福尼亚州橙县及圣迭戈县、新喀里多尼亚、墨西哥、危地马拉、洪都拉斯、萨尔瓦多、尼加拉瓜、哥斯达黎加、巴拿马、哥伦比亚、厄瓜多尔、秘鲁及科隆群岛亦有相当数量的分布。在中国多分布在山东、浙江、福建、台湾、广东、广西和海南沿海。

长吻海蛇是世界上分布范围最广的海蛇，同时也是唯一能毕生存活于深海中的蛇，它的繁殖也是在海洋中进行的。长吻海蛇与亚洲及澳大利亚地区的陆地蛇类相当类似，彼此在血缘上有着紧密的关系。长吻海蛇喜欢生活在18℃的海水里，但即使在温度相同的海水里，长吻海蛇仍只会活跃在亚洲、澳大利亚、印度洋海域，而不会出没于大西洋或地中海一带，严格来说所有海蛇都会遵循这一规律。据专家分析，这可能是由于南美洲与北美洲之间有一道经历了数百万年的大陆桥，将长吻海蛇通往大西洋的道路隔绝。还有一点也非常有趣，海蛇决不会从南美洲或南非两地的南端绕过陆地游到另一海域，这是因为这两洲的南端海水温度均比较低，海蛇害怕寒冷，它不会接近稍冷一点的水域。

海蛇在分类上仍被分作独立的海蛇科。但海蛇与

▲毒蛇标本

澳大利亚一带的毒眼镜蛇有着密切的关系，目前海蛇科下有两个亚科，分别是扁尾海蛇亚科和海蛇亚科，不过最近的研究表明这种分类方式有不恰当之处，海洋学家们还在继续对它的分科做确切划分。

虽然长吻海蛇拥有不容轻视的毒素，跟其他著名毒蛇相比，长吻海蛇的毒素尚属温和。长吻海蛇的毒素烈度只相当于钩鼻海蛇的1/4，仍可以致命。长吻海蛇的毒性约为埃及眼镜蛇的10倍，但其输毒量却远低于埃及眼镜蛇。很多时候海蛇很少主动向人类发动进攻。海蛇毒素能摧毁骨骼肌，伴随产生肌红蛋白尿症、神经肌肉麻痹或直接导致肾功能衰竭。澳大利亚曾研制出一种血清，这种血清可以中和长吻海蛇的蛇毒。不过迄今为止，在澳大利亚尚未有因被长吻海蛇所咬而致命的事件发生。

方水母又称箱水母，也叫立方水母，是腔肠动物中的一纲，大约有20种，海生。水螅体小，水母体大。方水母以小鱼和甲壳纲动物为食，喜独居。

方水母之所以获此怪名，是因为外形微圆，像一只方形的针。澳大利亚箱形水母的外观呈现一种淡蓝色的透明状，形状像个箱子，有4个明显的侧面。而在方水母众多种类中，最毒的一种叫"海胡蜂"，别看

▼水母

剧毒皇帝——澳洲方水母

它个儿不大，直径还不到20厘米，呈半透明状，接触它却非常危险；它的游速每小时可超过4000米，是名副其实的游泳冠军和袖珍杀手。

方水母一般生活在热带海域，像澳大利亚海湾浅水一带，就是它们的栖息地。在天气炎热时，它们白天潜入深海中，在早晨和傍晚时浮到水面上。箱水母它不需要攻击人，只要人触及它的触手，30秒钟后便会死亡。一旦被它刺到，除非立即救治，否则很难活命。因为箱水母的毒液会使人剧痛难忍，陷入昏迷无法游到安全地区，而伤者在受攻击几分钟内就会出现心脏病和神经系统损伤。见到被冲到海滩的水母，千万不要以为它不再攻击任何物体了，它只要是湿的，就没有丧失"蜇"的功能。

据统计，25年来在澳大利亚昆士兰州沿海，因方水母中毒身亡的人数达到60人，而葬身鲨鱼之腹的只有13人。曾经发生过这样的事件，在澳洲的海产品罐头加工厂，所生产的一个罐头中混入了长约1厘米的剧毒箱水母的触手。这个罐头的食用者在食用后不久就发生了中毒现象，送往医院后仍没能挽救他的生命。澳洲政府又派出了两名研究员去海洋里探寻这种水母，而其中的一人的脚部在被箱水母蜇了一下之后还没被同事拉上小艇就一命呜呼，可见这个小东西的确是"人小鬼大"。

方水母是食肉动物？说起来让人难以置信，但它的确有特异功能来获取食物。在它的触手和身体的很多部分有许多刺细胞，刺细胞除细胞质和细胞核外，还有一个刺丝囊。刺丝囊里面有感应绒毛，一个盖子和一个刺丝囊胞。当其他生物碰到水母时，刺丝囊胞就像鱼叉一样飞向敌人，同时有腐蚀性的毒液也释放出来，像打麻药一样，小猎物晕倒后便束手待毙，在万分之一秒内整个捕食工作便可完成。

箱水母的生命周期要比其他类的水母复杂。普通成年水母到海湾和小海湾中交配，雌性产卵，雄性孵化，使卵变成幼虫。幼虫固定在河流入海处的礁石上。在这里，幼虫变成水螅。水螅开始无性繁殖，也就是分为许多小水螅，构成了将在12月即雨季开始时出现的水母大军。而箱水母从大型水母体发展出浮浪幼体，后来经水螅体渐渐发育，通过直接转变成为水母体，中间不经过节片生殖和蝶状幼体阶段。与其他种类的水母相比，箱水母的每个水螅只生成1只水母。这是构成该水母毒性强的原因之一。科学家计算出新生的水母能够一天长1毫米，它的新陈代谢要比其他一切种类快。这可能是因为箱水母与其他种类的水母相反：箱水母会主动游动，速度可达每小时10千米。当小水母长到5～6厘米时就已经成年了，随着毒性的增强开始捕食鱼类。箱水母可以吃掉和自己身体一样大的鱼。它们跟踪猎物，把猎物困在触角内，用毒液将其软化后慢慢消化。

箱水母是地球上已知的对人毒性最强的生物，也属于最早进化出眼睛的第一批动物。它的眼睛能帮助箱水母在海洋中灵巧地避开障碍物。箱水母不同于漂流在洋流中的普通水母，箱水母在海洋中能灵活地游泳前进，能快速地做出180°转弯，灵巧地在物体之间穿梭。箱水母有24只眼睛，分布在管状身体顶端的杯状体上，这些眼睛分为4种不同类型，它的眼睛的分布能让它几乎看到周围环境中360°的范围。

然而一物降一物，任何生物都有克星，海洋中的太阳鱼和海龟都以水母为主食。另外，一些品种的水母以其他一些水母为食物。听说过翻车鱼吗？它的"零食"就是方水母。

致命杀手——僧帽水母

僧帽水母又称为葡萄牙军舰水母，是所有海产无脊椎动物的统称。它的主要特点是善飘浮和螫人极痛。僧帽水母属于水螅虫纲僧帽水母科的一属，并非通常意义上的水母，水母是一种低等的腔肠动物，在分类学上隶属腔肠动物门钵水母纲，而僧帽水母属于水螅虫纲，它的真身是水螅的集合体。僧帽水母在水面上漂浮的淡蓝色透明囊状浮囊体一般长6～30厘米，前端尖、后端钝圆，顶端耸起呈背峰状，形状颇似出家修行的和尚，即僧侣的帽子，故取名僧帽水母。它的英文名称更是有趣：Portuguese Man-of-War，翻译过来是"葡萄牙战人"。

僧帽水母的浮囊上有发光的膜冠，能自行调整方向，借助风力在水面漂行。僧帽水母外形酷似水母，但它们其实是管水母的一种，是终生群居的一类浮游

▲海洋世界

腔肠动物。在僧帽水母群中，有一个僧帽水母形成浮囊，其余的则负责刺杀、消化猎物，进行繁殖。当它们在水面上漂浮时，僧帽水母的有毒触手倒垂到水下，有时能伸到20米深的海水中。据考证，它们的触手能将人类缠住并杀死。

僧帽水母体型中等，浮囊体很大，两端稍尖似僧帽，其长度约100毫米。在浮盘体的下面悬垂着很多营养体，大小不同的指状体，长短不一的触手和树枝状的生殖体。生活时体呈美丽的蓝色。上部是一个充气的囊状浮器，呈透明状，显示为粉红色、蓝色或紫色，长9～30厘米，宽15厘米左右。下面有成簇的水螅体，水螅体分3类：指状个员、生殖个员和营养个员，分管捕食、生殖和摄食。指状个员的触手可下垂达50米深，刺丝囊的作用是麻痹小鱼和其他猎物。然后营养个员包住麻痹的猎物，逐渐进行

▼海洋世界

消化。它的生殖习性尚不十分清楚，靠功能如帆的脊运动。蠵龟等动物以僧帽水母为主要食物，有一种约8厘米长的双鳍鲳属小鱼军舰鱼，生活于僧帽水母的触手之间，几乎不会受刺细胞的伤害。僧帽水母触手可以不断再生，所以这两种小鱼会以水母的触手作为食物。僧帽水母螫人极痛，能引起严重反应，如发热、休克和心肺功能障碍。

僧帽水母分布于全世界的暖洋，但最常见于北大西洋的墨西哥湾流以及印度洋、太平洋的热带、亚热带区，有时数千只浮在海面，还有种蓝瓶僧帽水母常见于太平洋和印度洋。国外分布在日本海及其他太平洋热带海区。它们均以微小的生物及有机物为食。

僧帽水母的毒性非常巨烈，被这种"水母"螫伤的游泳者中，68%的人因此而死亡。即使侥幸生还者也有相当一部分致残，极少数幸运儿能够从"水母"的魔爪下全身而退，但任何被螫伤人的身上都会出现类似于鞭笞的伤痕，经久不退。

僧帽水母的杀人武器是它的触手。虽然从它的外观上看，僧帽水母的触手似乎不太长，而那些肉眼看不到的细小触手甚至能达到9米长，所以当游泳者看到僧帽水母的时候，躲避已晚！僧帽水母中分泌致命毒素的是触手中极其微小的刺细胞，单个刺细胞所分泌的毒素很少，对人起不到威胁作用，但是成千上万个刺细胞所积累的毒素的烈度不亚于当今世界上任何毒蛇的毒性。

被僧帽水母螫伤后，及时的抢救是决定能否生还的第一要务，因为僧帽水母所分泌的毒素属于神经毒素，随着中毒时间的推移，毒素的作用逐步加深，伤者除了遭受剧痛之外还会出现血压骤降，呼吸困难，神志不清，全身休克，最后因肺循环衰竭导致死亡。

蓝环章鱼是一种很小的章鱼品种，会用很强的毒素（河豚毒素）麻痹猎物。在海洋中，蓝环章鱼属于剧毒生物之一，被这种小章鱼咬上一口能致人死亡，但这种章鱼不会主动攻击人类，除非它们受到很大的威胁。

蓝环章鱼是一种小型章鱼，只有高尔夫球般大小，它的体表为黄褐色，因此很容易隐身于周边环境中。它通常在海边活动，遇到危险时，身上和爪上深色的环就会发出耀眼的蓝光，以示警告。

蓝环章鱼的神经细胞就像电话线一样，结成网络，同时将信息迅速交互传递到身体的任何部位，然后产生一种特定的化学物质，跳过两个细胞间的空隙，在另一边的细胞接受了这种化学物质，并产生了携带住处的新电脉冲。发生在这些接点的过程对于大脑反信息传递给肌肉是非常重要的。

蓝环章鱼还是个害羞的小东西，它经常躲藏在石下，直到晚上才出来捕食一些小虾小蟹和受伤的鱼类作为食物。

蓝环章鱼与箱水母是两种最毒的海洋生物，它体内的毒液可以在几分钟内置人于死亡，这种章鱼个头虽小，但分泌的毒液足以一次咬噬便可取人性命。一只蓝环章鱼所携带的毒素足以在数分钟内一次杀死26名成年人，以它尖锐的嘴即使是潜水员的潜水衣也能

毒中探花——蓝环章鱼

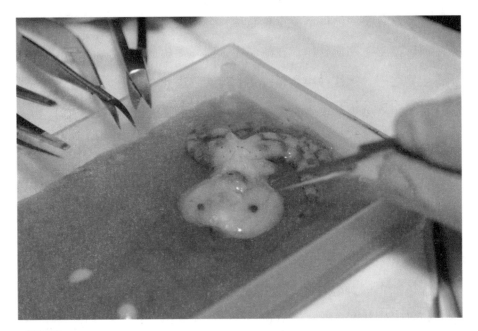

▲蓝环章鱼

穿透，章鱼的毒液能阻止血凝，使伤口大量出血，且感觉刺痛，最后全身发烧，呼吸困难，严重者便不治而亡，轻者也要治疗三四周才能恢复健康。

蓝环章鱼不会主动攻击人类，除非它们自己认为受到很大威胁的时候。大多数对人类的攻击发生在蓝环章鱼被从水中提起来或被踩到的时候。在澳大利亚曾发生过这样的事件，一位潜水者抓到一只小的蓝环章鱼，他觉得好玩，就让它从胳膊上爬到肩上，最后爬到脊柱，蓝环章鱼可能以为受到了威胁，便朝他的颈部咬了一口，且出了血，几分钟后，潜水者便觉得不舒服，两小时后不幸身亡。

蓝环章鱼的毒素是一种毒性很强的神经毒素，通常含有河豚毒素、一种血清素、透明质酸酶、组织胺、色胺酸、羟苯乙醇胺、牛磺酸、乙酰胆碱和多巴胺。它对具有神经系统的生物是非常致命的，包括人类。被章鱼攻击后，毒素在被攻击对象体内干扰其自身的神经系统，造成神经系统紊乱。在毒素注射到生物体内时，有毒分子会迅速扩散，毒素会破坏生物体的生命系统，它的致命原因是每一个有毒分子都在寻找生物体内的神经细胞之间的连接的地方，有毒分子会拦截指挥肢体运动的特定化学物质传递信息，神经系统因此被破坏掉。当整个神经系统瘫痪，被攻击者虽然还活着，但是已无力反抗，蓝环章鱼便任意妄为地在生物体内侵袭，它的毒素侵害着所有受人脑支配的肌肉，这时候被攻击的人虽然神志清醒，但已经不能交流，不能呼吸，要靠人工呼吸来维持生命，否则便逐渐窒息身亡。

遭蓝环章鱼啮咬的第一时间急救方式是按住伤口并做人工呼吸。必须要持续进行人工呼吸，直到伤者恢复到可以自行呼吸为止。这一过程一般需要数小时。即使是在医院，施救措施也只是对伤患进行呼吸与心跳的维持救治，直到毒素浓度因身体代谢而降低。在维持伤者呼吸撑过24小时，多半能够完全康复。如果伤者无论怎样施救都毫无反应，也要立即且全程施以循环辅助，这种反应是河豚毒素导致的瘫痪肌肉。

一击毙命——刺鳐

刺鳐的招牌动作是状如翅膀的胸鳍波浪般在海里摆动，尾部软骨组织细长如鞭带有毒刺。刺鳐属于软骨鱼类，它们的身体扁平，尾巴细长，有些种类的刺鳐尾巴上长着一条或几条边缘生出锯齿的毒刺。

刺鳐俗名"黄貂鱼"，这个名字似乎听起来就不太令人有好感，因此也注定它是一种非常危险的动物，其实在海洋生物专家的数据记载里，非常罕见被刺鳐刺死的案例。

刺鳐的种类很多，已知的约有480种，1995年的《危险海洋生物——野外急救指南》一书，便指出刺鳐是目前所知体型最大的有毒鱼类，它的尾部就有37厘米长。一旦被刺到胸腔，会造成重伤甚至死亡，特别是心脏部位受伤的话，需紧急开刀救治，不过伤及心脏通常生还的希望都很渺茫。

刺鳐的尾巴为何如此厉害？原来它尾巴的末端长

▲刺鳐

有一根大约20.32厘米长的边缘生出锯齿的毒刺，构成毒刺的物质与构成鲨鱼鳞片的物质相同。在感觉到威胁时，锯齿状毒刺便会变硬，像一把锋利的刀，随时向对方进行攻击。

仅仅是毒刺怎么会伤及性命，主要是因它的毒刺会释放出毒液，这是给被刺激者造成致命伤的原因。有"鳄鱼猎人"之称的世界著名的动物保护人士史蒂夫·欧文在被刺鳐刺中心脏后不幸身亡，这一事件无疑提高了刺鳐这个鲨鱼近亲"危险动物"的知名度，同时对这一生物更加的生畏。海洋专家通过实验表明，刺鳐毒液的主要成分是一种基于蛋白质的毒素，能够给哺乳动物带来巨大痛苦，可能影响心率和呼吸。

近年来，科学家在亚马孙地区发现刺鳐家族的两个新成员，它们的外形好似一张薄煎饼。研究人员通过对捕获的大量标本进行分析，发现这两个新物种与刺鳐大不相同，完全构成一个全新的属。

刺鳐的身长可达到0.5米，可能是距今数千万年前一个远古时代的残遗种，当时海水淹没了南美洲的部分地区。当前发现的地质学和化石数据能够证明这种现象。海水退却时，一些海洋物种幸存下来，进化成新的淡水物种。与其他淡水刺鳐一样，新发现的刺鳐也可能是善于打埋伏的捕食者。它们会守在海洋底部，等待鱼儿游到附近。一旦鱼儿靠近，它们便突然发起攻击。

新发现的两种刺鳐尾巴很小并且已经退化。这两种刺鳐均是刺鳐家族的"怪客"，因为它们并不像绝大多数刺鳐那样，长着长长的尾巴。一直以来长尾巴是一件武器，能够给被击中者造成损伤，研究并不十分清楚其中的原因。有一种可能就是，它们可能生活在更深的区域，不必过分担忧捕食者。但这种猜测并没有足够的科学依据。没有想到，多年的进化竟然促使刺鳐弃恶从善，它是否又增加新的攻击武器，有待考证。

毒舞使者——狮子鱼

狮子鱼属于冷水性和冷温性底栖海鱼类，狮子鱼主要分布于北太平洋、北大西洋及北极海，少数见于南极海。它们多数栖于浅水，体长可达到45厘米。狮子鱼头宽大平扁，吻宽钝。眼睛很小，上侧位。口中大，上颌有骭突出。上下颌芽细尖或分三叉，排列成牙带。鼻孔2或1个。鳃孔中大，鳃盖骨无棘，间鳃盖骨细条状，鳃盖膜与鳃峡相连。它的身体无鳞，皮松软，光滑或具颗粒状小棘。背鳍延长，连续或具一缺刻，鳍棘细弱，与鳍条相似；臀鳍延长；尾鳍平截或圆形，常与背鳍和臀鳍相连；胸鳍基宽大，向前伸达喉部；腹鳍胸位，愈合为一吸盘。

生物的形态与习性最终都跟它的生存有关，狮子鱼也不例外，狮子鱼很美，很毒辣，它美艳的外形和带毒的刺，都是自然选择中获得生存的方式与手段。

狮子鱼随遇而安，在没有遇到威胁、遭受攻击的情况下，它都会很悠闲地过它仪态万千的"贵妇"生活。近年来，狮子鱼作为海洋观赏鱼类，它的胸鳍和背鳍上长长的鳍条和刺棘在阳光下看起来非常亮丽多彩，形状酷似古人穿的蓑衣，也因此被人称为蓑鲉。狮子鱼因为外貌酷似火鸡也被叫做"火鸡鱼"，狮子鱼胸鳍的鳍条一般是不分离的，而也有一部分狮子鱼的鳍条是一根根分开的，像烟火一样，这种狮子鱼又被称为"火焰鱼"。

　　狮子鱼与它的同类一样都具有剧毒的刺棘，狮子鱼体色鲜艳，花枝招展，它时常毫无顾忌地展示它一身华丽。它们背鳍、胸鳍和臀鳍上长长的鳍条的基部都有毒腺，鳍条尖端也有毒针。当这些鳍条都完全展开时，就像一个刺猬，掠食者们都无从下口。

　　即使防御再严密也会有弱点，它的腹部是没有刺棘保护的，因此，狮子鱼在遇到危险或休息时，它会用腹部的吸盘将自己贴在岩壁上自保。

　　毒刺可是狮子鱼最引以为豪的致命武器。因为狮子鱼经常栖息于浅水区域，所以当遇到它时不要被它的艳丽所迷惑，更不要触碰。一旦它发出毒素会引起剧烈的疼痛、肿胀，甚至是抽搐，严重者也可能引起死亡。

▼海洋世界

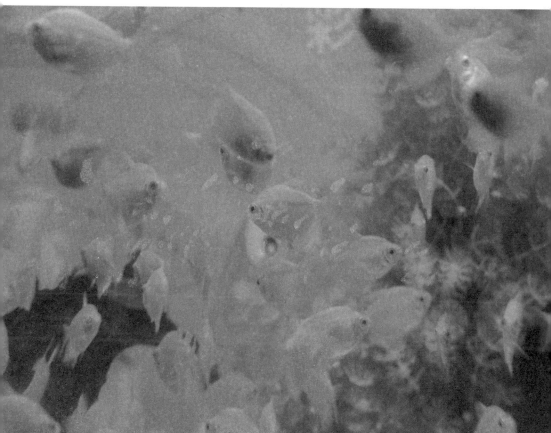

　　狮子鱼的蜇刺过程有些让人费解，当有物体接近它时，它先会向后退，而一眨眼就会把毒刺刺入人体组织，接着毒刺根部的毒囊开始释放毒液，毒液通过伤口注入身体内。

　　狮子鱼是个机警的猎人及潜伏的掠食者，它们每次攻击对手都将自身的威力发挥到了极致，捕食的过程狮子鱼的胸鳍发挥了很大的作用，它的胸鳍有的像飞鸟的羽毛，有的像一根根长矛，有的则像柔软的叶片。捕食时，它先柔和地前后摇动胸鳍，让整个身体缓慢前进，而摆动的胸鳍也制造出了一个屏障，这样就限制了猎物的活动，在猎物慢慢后退的过程中，最后被逼到一个狭小的角落时，狮子鱼会一口把它吞掉，这时它们的胸鳍就会竖起来，然后开始快速地抖动，它的毒性仅次于刺瑶，它几乎没有天敌。

　　无论在水下遇到的狮子鱼姿态如何，人们都要提高警惕。也许人们无意打扰它的生活，但却误入了它的领地，它的毒刺可以随时穿透较薄的手套，在毫无防备的情况下"吻"到手。若不幸被狮子鱼"吻"到该怎么办？应该马上寻求专业医疗人员的帮助，而一旦没有对伤口进行正确处理，疼痛便会加剧，在寻求医疗救助之前，首先检查是否有断刺留在伤口中，如果有要立即取出。处理完断刺，就要进行热水治疗，所有鲉科鱼类的毒液都是由对热很敏感的蛋白质构成的，因此，当毒素处于热的地方会很快被分解，简单的方法是将受伤的部分浸入43～46℃的热水中。

　　自然界就是这样奇妙，华丽背后常常蕴藏着危险，颠倒众生的同时也毒杀着生命。

千奇百怪的特异猎手

海洋似乎是一个充满危险的世界，也是最早出现弱肉强食现象的地方，更是一个多种生物栖息的场所。海洋生物千奇百怪，大小各异，它们各自都有一套完备的生存技术和捕食办法，为了生存而展开的竞争每天都在不停地上演，而在海洋中捕食者和猎物之间上演的生死争斗里，谁又是高明的特异猎手？

神奇气球鱼——刺豚

▲刺豚

海洋中，鱼儿游来游去，看起来很悠闲，其实，它们随时都有丧命的可能。大自然的残酷迫害使它们一个个都有几手避敌高招。有的长得巨大，比如鲸，谁敢欺负它？有的长得十分小巧，可以迅速钻进礁石缝中，让人捉不着。而与众不同的刺豚，却演化出了另一种厉害武器。

刺豚，也叫小硬颚鱼，它和普通鱼类没什么区别，只是眼睛稍微凸出一点。它全长20～90厘米，和大家熟悉的河豚是近亲，它的腹部有一个大大的气囊，它们大多生活在热带的近海处，本身又不喜欢游泳。正常情况下，它在海底是备受欺辱的，不过它一身的硬刺也使它能够生存下去。

刺豚是鱼类的刺猬。它们和刺猬一样，一旦遇到危险，就迅速吞下大量的水分，使身体膨胀两三倍，同时身体的硬刺也竖立起来，使敌人无从下嘴。当危险解除后，刺豚的身体会慢慢地恢复。

刺豚是怎样把身上的硬刺膨胀起来的呢？原来刺豚的身体构造很特殊。在它肠子的下方，有一个向后扩大成带状的气尖。刺豚一旦遇到敌人，便直冲向水面，大口地吸气，当气尖中充满气体，或者张开小嘴吸入大量海水。因为，刺豚腹部的皮肤比背面的皮肤松弛，加上气尖又位于肠子的前下方。所以，刺豚头部和腹部膨胀就会很大，这使它可以平稳地浮于水中。就像一个长满刺的仙人球，对方只能退避三舍，因为只要下嘴必然会被扎伤。危险过后，刺豚又要用很大的力量从鳃孔以及嘴中排出空气，恢复到原来的状态。如此弱小的动物能生存下来，是它那连鲨鱼也拿它毫无办法的必杀技。

其实，刺豚不只是会消极防御，"防守反击"它也有拿手好戏。在大西洋里，有一种磨球豚，它是刺豚的一种，凶悍的瓦氏斜齿鲨一次能吞进40多条磨球豚，当磨球豚一进入鲨鱼的肚子，便立即聚气发功，原来鳞状的棘刺根根怒张开来，这么多只刺猬在鲨鱼肚子里翻滚撕咬，直到鲨鱼疼死。而这样一番折腾下来，附近的磨球豚就知道，自己的同类在跟鲨鱼斗争，它们纷纷向鲨鱼聚拢。当肚里的磨球豚咬破鲨鱼的肚皮，游出来与外面的同类一起啄食鲨鱼尸体，鲨鱼最终就只剩一堆白骨。这样看来，刺豚倒成了鲨鱼的天敌。

刺豚的近亲也很厉害，在遇到敌人时，也会膨胀身体吓退敌人，人们称它为"气鼓鱼"。气鼓鱼的火气还相当大，两条河豚相遇时，它们都把自己的身体鼓胀起来，然后气鼓鼓地反转身子，互相用肚皮碰，以争胜负。

河豚的尖刺只能保证敌人不敢吞它，但如果没有另一秘密武器——河豚毒素，也难逃被大鱼吃掉的厄运。说起来，海底动物个个都毒性十足，河豚毒素是一种神经毒，也就是说它可以使敌人神经麻痹，导致呼吸困难而死。大鱼吃了一次便被毒了个半死，下次自然敬而远之了。

河豚毒素如此之强，对人体中的癌细胞也有一定的杀伤作用，因此，人们会从河豚内脏中提取它，制成癌症的制剂。其实河豚也是一种不可多得的美味佳肴，"拼死吃河豚"之说不无道理。

　　电鳐是种近海底栖鱼类，身长0.3～2米，体柔软，皮肤光滑，头与胸鳍形成圆或近于圆形的体盘。它背腹扁平，头和胸部在一起。尾部呈粗棒状，像团扇。电鳐眼小而突出；喷水孔边缘隆起；前鼻瓣宽大，伸达下唇；皮肤柔软。背鳍一个。腹鳍外角不突出，后缘平直。尾具侧褶。背部赤褐色，具少数不规则暗斑。鳃孔5个，狭小，直行排列。齿细小而多。电鳐一般生活在1000米以下的深水。它活动缓慢，以鱼类及无脊椎动物为食。电鳐分布在热带和亚热带近海，在黄海、渤海比较常见。电鳐如不被触及则对人无害，且没有食用价值。

　　电鳐有5个鳃裂，身体平扁卵圆形，吻不突出，臀鳍消失，尾鳍很小，胸鳍宽大，胸鳍前缘和体侧相连

海中发电机——电鳐

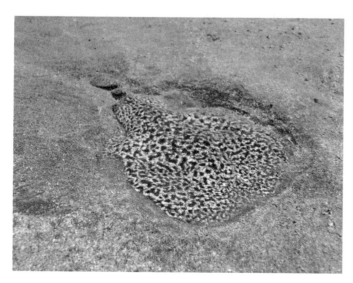

▲电鳐

接。电鳐是卵胎生，半埋在泥沙中等待猎物，根据背鳍的多少分为双鳍电鳐科、单鳍电鳐科和无鳍电鳐科。

电鳐发电器最主要的枢纽是器官的神经部分，由变态的肌肉组织构成，位于体盘内，头部两侧，大型电鳐发出的电流足以击倒成人。电鳐身上共有2000个电板柱，有200万块"电板"。这些电板之间充满胶质状的物质，可以起绝缘作用。每个"电板"的表面分布有神经末梢，一面为负电极，另一面则为正电极。电流的方向是从正极流到负极，也就是从电鳐的背面流到腹面。在神经脉冲的作用下，这两个放电器就能把神经能变成为电能，放出电来。

电鳐是怎样放电的呢？原来，电鳐是活的"发电机"。它尾部两侧的肌肉，是由有规则地排列着的6000～10 000枚肌肉薄片组成，薄片之间有结缔组织相隔，并有许多神经直通中枢神经系统。每枚肌肉薄片像一个小电池，只能产生150毫伏的电压，但近万个"小电池"串联起来，就可以产生很高的电压。电鳐奇妙之处就在于它能随意放电，放电时间和强度完全能够自己掌握。电鳐可以发电，并靠发出的电流击毙水中的小鱼、虾及其他的小动物，是一种捕食和打击敌害的手段。世界上有好多种电鳐，其发电能力各不相同。非洲电鳐一次发电的电压在220伏左右，中等大小的电鳐一次发电的电压在70～80伏，像较小的南美电鳐一次只能发出37伏电压，因此，它有海中"活电站"之称。

电鳐每秒钟能放电50次，但连续放电后，电流逐渐减弱，10～15秒钟后完全消失，休息一会儿后又能重新恢复放电能力。电鳐的放电特性启发人们发明和创造了能贮存电的电池。人们日常生活中所用的干电池，在正负极间的糊状填充物，就是受电鳐发电器里的胶状物启发而改进的。

　　早在古希腊和罗马时代，医生们常常把病人放到电鳐身上，或者让病人去碰一下正在池中放电的电鳐，利用电鳐放电来治疗风湿症和癫狂症等病。在法国和意大利沿海，还有一些患有风湿病的老年人，在退潮后的海滩上寻找电鳐，来做自己的免费"医生"。电鳐的电有多大威力，据计算，1万条电鳐的电能聚集在一起，足够使1列电力机车运行几分钟。

　　电鳐外形像蛇，常常一动不动地躺在水底，偶尔浮出水面呼吸。它通过"电感"来探寻猎物，猎物一旦出现，就放电将其击毙或击昏，此时的猎物就成为它的盘中餐了。这样既简便又厉害的捕杀绝技，自然备受人们欣赏，电鳐也因此被称为江河中的魔王。

　　由于电鳐放电后会有一段调整期，这也因此成了它的致命硬伤，人们在捕获电鳐时，总是先把家畜赶到河里，引诱电鳗进行放电，或者用拖网拖，让电鳐在网上放电，等电鳐将电放完便趁这一间歇轻而易举地捕获失去反击能力的电鳐。

水下电击手——电鳗

能够放电的生物还真不少，电鳗是电鳗科的鳗形南美鱼类，它也能产生足以击昏人类的电流。电鳗行动迟缓，栖息于缓流的淡水水体中，经常会上浮水面，进行呼吸。背鳍、尾鳍退化，但占体全长近4/5的尾，其下缘有一长形臀鳍，依靠臀鳍的波动而游动。跟电鳐不同的是，它是尾部具发电器，来源于肌肉组织，并受脊神经支配。

电鳗生活在南美洲亚马孙河和圭亚那河，全世界的电鳗主要生长于热带及温带地区水域，除了欧洲电鳗及美洲电鳗分布在大西洋外，其余均分布在印度洋及太平洋区域。它外形细长，极似鳗鲡。它身长2米左右，体重达20千克，体表光滑无鳞，背部黑色，腹部橙黄色，没有背鳍和腹鳍，臀鳍特别长，是主要的游泳器官。

▲电鳗

世界上各种电鳗发电能力有所不同。美洲电鳗的最大电压竟达800多伏，非洲电鳗发电的电压在200伏左右，中等大小的电鳗电压在70～80伏，像较小的南美电鳗一次只能发出37伏电压。在水中，常有人在距离它3～6米范围内触及电鳗放出的电而被击昏，说它是水中"高压线"一点不为过。

电鳗的发电器的基本构造与电鳐相类似，也是由许多电板组成的。它的发电器分布在身体两侧的肌肉内，身体的尾端为正极，头部为负极，电流是从尾部流向头部。当电鳗的头和尾触及敌体，或受到刺激影响时，即可发生强大的电流。电鳗的放电主要是出于生存的需要。因为电鳗要捕获其他鱼类和水生生物，放电就是获取猎物的一种手段。它所释放的电量，能够轻而易举地把比它小的动物击死，有时还会击毙比它大的动物，如正在河里涉水的马和游泳的牛也会被电鳗击昏。电鳗的放电主要是出于生存的需要。

电鳗是一种降河性洄游鱼类，在淡水中长大，之后回到海中产卵。每到春季，大批幼电鳗成群自大海进入江河口。雄电鳗通常生活在江河；而雌电鳗则逆水而进入江河湖泊，它们在江河湖泊中生长、发育，基本遵循昼伏夜出的规律，电鳗喜欢流水的环境、弱光的巢穴居住，它的潜逃能力很强。到性成熟时，它会在秋季游至江河口与雄电鳗会合，然后继续游至海洋进行繁殖。根据专家推测，其产卵地点在北纬30°以南和中国台湾的东南附近水域，水深400～500米，水温16～17℃，含盐量30‰以上的海水中，它们1次性产卵，1尾雌电鳗1次可产卵700万～1000万粒。它们的卵很小，直径不超过1毫米，10天内便可以孵化。孵化后仔鱼逐渐上升到水表层，电鳗的性腺在淡水中不能很好地发育，更不能在淡水中繁殖，雌电鳗的性腺发育是在降河洄游入海之后得以完成。在8～9月间大批雌电鳗接近性成熟时降河入海，并随同在河口地带生长的雄电鳗至外海进行繁殖。

电鳗体内有一些细胞就像小型的叠层电池，当它被神经信号所激励时，能陡然使离子流通过它的细胞膜。电鳗体内从头到尾都有这样的细胞，就像许多叠在一起的叠层电池。当产生电流时，所有这些电池（每个电池电压约15伏）都串联起来，这样在电鳗的头和尾之间就产生了很高的电压。许多这样的电池组又并联起来，这样就能在体外产生足够大的电流。用这些电流足以将它的猎物或天敌击晕或击毙。淡水里的电鱼需要更多的电池串联在一起，因为淡水的电阻较大，产生同样的电流需要更高的电压。

电鳗的放电器官在身体的两侧，而且它大部分的身体或重要的器官都由绝缘性很高的构造包住，在水中就像是一个大电池。我们知道电流会由电阻最小的通路经过，所以在水中放电时，电流会经由水（水比电鳗身体的电阻小）传递，电鳗并不会电到自己。但如果电鳗被抓到空气中，因空气的电阻比它身体的电阻更大，放电的话就会电到自己了。另外，如果电鳗受伤使两侧的绝缘体同时破损的话，放电时就会像两条裸露的电线一样发生短路的现象。

电鳗放电的损伤力取决于鳗鱼的大小和机体的状况。当电鳗长不到1米时，电压会随着电鳗的成长而增加。当长到1米后，只增加电流的强度。

电鳗捕食的时候，首先悄悄地游近鱼群，然后可连续放出电流，受到电击的鱼马上晕厥过去，身体僵直，于是，电鳗乘机吞食它们。电鳗的身体有多余电必须放掉，像是一种生理需要。因此，被电鳗电死的鱼，往往超过它们食用所需要的量，利用电鳗放电后要一段时间恢复的这一特点，渔民们在捕捞电鳗时，先把牲畜赶到水中，使电鳗放电，等到它们把电量消耗后再打捞。

海笔分布在地中海、印度洋沿岸等水深不超过30米深的水域。海笔的基部没有珊瑚虫体，中间柄部可竖起支撑整个躯体，柄部末端形如水梨，可钻入底层，躯体由一节节叶面状的珊瑚虫体所组成，宛如鸟类羽毛状一般，整个躯体由钙质的针骨所构成，因此可以持续膨胀或萎缩，最长可达30～40厘米。

海笔属腔肠动物门珊瑚虫纲八放珊瑚亚纲海鳃目，海笔的外形如同昔日人们使用的羽毛笔，故得此名。海笔是由许多称为水螅虫的小动物群居而形成的。海笔的下半部分固定在泥沙中，上半部分着生有许多水螅虫。

海笔是一种美丽的无脊椎动物。海笔和其他珊瑚类动物是近亲，而又与其他种类的珊瑚不同。珊瑚在没有海浪的冲击和天敌攻击的安稳生活状态下，可以长得很大。海笔却完全不同，它们长到一定大小后就不再生长了。

海笔的身体呈轴对称，很像老式的羽毛蘸水笔。在海笔的主干上对称的两侧长满了羽毛状的羽枝，羽枝上又长有许多细小的对称的分支，有些羽枝甚至连接成网状的圆柱体。在放大镜下，可以看到网状的圆柱体实际上是由成千上万的水螅虫一样的触手交织在一起的。海水从水螅状的触手中流过，其中的食物颗粒就会被水螅状的触手捕获，继而便被送进消化腔。

生根的羽毛——海笔

61

海笔的身体上有一个圆柱形的中央茎，茎的上端有很多轻软的羽状物，茎的下端深入海底的泥沙中，起着固定的作用。有一种能够发光的海笔只能生长在沙质的海底上，不能移动。因此，它很容易捕获到猎物。海笔通常生长在有强大海流的地方，当它受到攻击时，就利用复杂的"光电池"发出很强的光，使敌人头晕眼花，无法辨认方向，接着就被强大的海流冲走了。还有一种海笔，它有一种更特殊的功能，它配有"警报系统"，敌害一接近，它就发出很强的光，照亮周围的黑暗，使敌害暴露自己的位置，反而被等待掠食敌害的生物吞下了肚子。

海笔不喜欢群居，习惯孤独的生活，它们经常是单独居住在海底的沙地上。海笔喜欢独自生长在沙质或土质的底层，喜欢滤食水中有机物质。

海胆在地球上已有上亿年的生存史，发现海胆的化石种有5000种左右，海胆是生物科学史上最早被使用的模式生物，它的卵子和胚胎对早期发育生物学的发展有举足轻重的作用。

海胆别名刺锅子、海刺猬，体形呈圆球状。世界上现存的海胆有850多种，中国沿海有150多种。海胆就像一个个带刺的紫色仙人球，因而得了个雅号"海中刺客"。渔民常叫它"海底树球""龙宫刺猬"。海胆是海洋里一种古老的生物，与海星、海参是近亲。

海胆有一层精致的硬壳，壳上布满了许多刺一样的东西，叫棘。这些棘是能动的，它的功能是保持壳的清洁、运动及挖掘沙泥等。海胆的棘有长有短，有尖有钝，种类不同，棘的结构也不一样。海南岛珊瑚礁中盛产一种石笔海胆，状如盛开的花，俗称烟嘴海胆，因其棘甚粗壮，可作为烟嘴用。有的种类棘甚长，可达20多厘米。海胆虽然有很多刺，但是它特别胆小，海胆喜欢栖息在海藻丰富的潮间带以下的海区礁林间或石缝中以及较坚硬的泥沙质浅海地带，躲在石缝中、礁石间、泥沙中或珊瑚礁中。海胆有背光和昼伏夜出的习性，靠棘刺防御敌害。除了棘，海胆还有一些管足从壳上的孔内伸出来。这些管足的功能并不一样，如摄取食物、感觉外界情况等作用。海胆的壳是由3000块小骨板组成的。不同种类的海胆大小差别极其悬殊，最小的仅5毫米，大的则达到30厘米。海胆的形状有球形、心形和饼形三种。

海胆在世界各大海洋中都生活过，以印度洋和太平洋的活动最为频繁。由于它们喜欢盐度高的海域，所以靠近江河入海处和盐度低的海水中很少分布，或者根本没有分布，从浅水区到7000米的深水中都有它们栖息的痕迹。它们喜欢待在水底或泥沙里。不同的海胆吃的食物也各有喜好，有的喜欢吃海藻和小动物，有的则喜欢吃沉积在海底的脏东西。这主要是因为它们所在的环境，不能过多的移动。从外形上看海胆似乎都一样，但它们是分雌雄的。它们的生殖过程也与众不同，当一个海胆产卵或放出精子时，其他的海胆便会受传染似的一起放出卵或精子，对它们来说，连生殖都演绎群集的行为。

海胆黄，不但味道鲜美，营养价值也很高，每100克鲜海胆黄中含蛋白质41克、脂肪32.7克，还含有维生素A、维生素D、各种氨基酸及磷、铁、钙等营养成分。海胆还具有较广泛的药用功能，它的药用部位为全壳，壳呈石灰质，药材名就叫"海胆"。海胆是一种贵重的中药材，可治疗胃及十二指肠溃疡、中耳炎等疾病；值得注意的是有不少种类的海胆是有毒的。这些海胆看上去要比无毒的海胆漂亮得多。例如，生长在南海珊瑚礁间的环刺海胆，它的粗刺上有黑白条纹，细刺为黄色。幼小的环刺海胆的刺上有白色、绿色的彩带，闪闪发光，在细刺的尖端生长着一个倒钩。它一旦刺进皮肤，毒汁就会注入人体，细刺也就断在皮肉中，使皮肤局部红肿疼痛，有的甚至出现心跳加快、全身痉挛等中毒症状。

海胆的种类很多，有环刺棘海胆、马粪海胆、光棘球海胆、紫海胆、细雕刻肋海胆，可见海胆是个大家族。

石头大毒枭——石头鱼（毒鲉）

石头鱼是自然界中毒性最强的鱼类，因其像玫瑰花一样长有刺，且有毒，故而得名"玫瑰毒鲉"。关于石头鱼名字的来历，有人说是因为石头鱼会像"清道夫"一样用嘴吸住石头而得名；也有人说因为石头鱼背部的颜色如同水底砂石的颜色，不易被发现而得名。不要以为它很美，其实它的形状很恐怖，体貌很丑陋，石头鱼身长只有30厘米左右，它的致命一刺被描述为众多疼痛中最疼的刺痛。它喜欢躲在海底或岩礁下，将自己伪装成一块不起眼的石头，如果有人不留意踩了它，它就会毫不客气地立刻反击，向外发射出致命剧毒。

石头鱼分布很广，在任何海域都有，但以热带及咸淡水交界为多。它产于菲律宾、印度、中国台湾、

▲石头鱼

日本和澳洲，国内盛产于江南一带，香港海域亦有石头鱼出产，又名"石崇"，活像一块石头，蛰伏在海底石堆中，不易被发觉，平时很少活动，靠捕食游近之生物为生。

石头鱼背部有几条毒鳍，鳍下生有毒腺，每条毒腺直通毒囊，囊内藏有剧毒毒液。当被毒鳍刺中，毒囊受挤压，便会射出毒液，沿毒腺及鳍射入人体。被刺者初则伤口肿胀，继而晕眩，抽筋而至休克，不省人事，失救者更会死亡。

石头鱼躲在海底或岩礁下，身体厚圆而且有很多瘤状突起，好像蟾蜍的皮肤。体色随环境不同而复杂多变，像变色龙一样通过伪装来蒙蔽敌人，从而使自己得以生存。通常以土黄色和橘黄色为主。它的眼睛很特别，长在背部而且特别小，眼下方有一深凹。常栖于海中的岩壁上，活像一块不起眼的石头。它的捕食方法很有趣，经常以守株待兔的方式等待食物的到来。它的脊背上那12～14根像针一样锐利的背刺会轻而易举地穿透鞋底刺入脚掌，使人很快中毒，并一直处于剧烈的疼痛中，直到死亡。

石头鱼的营养价值很高，有生津、润肺、清热、解毒、强肾、美容的功效。据《本草纲目》记载，石头鱼不但能够治疗筋骨痛，而且有温中补虚的功效。

关于石头鱼有一则神奇的传说：在远古时代，百义与轩辕黄帝在今马良镇一带发生了激烈的战争，一个用水攻，一个用石挡，打得难解难分。战争造成河流堵塞，洪水泛滥，大片良田被淹，百姓怨声载道。此事惊动了天上的玉皇大帝，玉皇大帝降旨派雷神劈山炸石，疏凿河道。雷鸣电闪之际，山石如暴雨倾洒江中，碎石一掉进水里竟都化为游鱼，百姓捕食充饥，因此人们把这种鱼叫石头鱼。

鸡心螺又叫"芋螺"，也叫鸡心螺，别称芋螺，属于腹足纲芋螺科。它最大的个体可以长到23厘米左右。世界上总共有500种左右不同的鸡心螺，主要生长于热带海域，是在沿海珊瑚礁、沙滩上生活的美丽螺类。鸡心螺外壳前方尖瘦而后端粗大，形状像鸡的心脏或芋头。其种类很多，有不同的色彩和花纹，是一种含有剧毒的海洋生物，因为它的尖端部分隐藏着一个很小的开口，可以从这里射出来一支毒针，足以使受伤者一命呜呼。

这种海洋动物是肉食性的，通常以海洋蠕虫类动物、小鱼、甚至其他软体动物为食。由于鸡心螺的行动相当缓慢，使得它们不得不使用有毒的"鱼叉"（被称为一种毒性齿舌）来捕捉像小鱼这样快速游泳的猎物。一些鸡心螺的毒性非常强大，足以毒死一个成年人。

"鱼叉"是由其齿舌改进形成的。对于捕食软体动物来说，齿舌既起到舌头的用途，同时又是其牙齿。"鱼叉"是中空和尖利的，与齿舌的根部连接在一起。当鸡心螺发现有猎物靠近的时候，它就将长管状的喙伸向猎物，通过肌肉的收缩，将装满毒液的"鱼叉"从喙里像子弹一样的射到猎物身上，毒液能够瞬间将小鱼麻痹，然后鸡心螺收起它的齿舌，将已被制服的猎物拖入口中。

毒液喷射师——鸡心螺

鸡心螺的毒液中含有数百种不同的成分，而且不同种类之间的成分组成有很大的差异。这些不同的毒素被称为芋螺霉素，它包括不同的缩氨酸，以某一特定的神经通道或受体为靶位。这种毒素同时还含有镇痛成分，可以使猎物动弹不得。还有一些鸡心螺含有河豚毒素，与河豚体内的神经瘫痪毒素相同，这种毒素在河豚和蓝环章鱼的体内都有。它的毒素通常都是针对小鱼的，由于人类和鱼有着相似的神经系统，这使人类同样易于受到鸡心螺的侵害。

鸡心螺表面艳丽的颜色和色块儿的模式很容易吸引那些好奇心强的人将它们拾起，而悲剧就恰恰因此发生了。至今已有30多起由于鸡心螺毒液致死的事件记录。还有一种鸡心螺，人们通常称其为"雪茄螺"，意思被它蜇后一般就剩下抽支雪茄的时间来抢救了。

鸡心螺具有灵活的"皮下注射器"，连接着体内装有毒素的囊，可以在几秒钟之内迅速将毒素注射到猎物体内。鱼在被鸡心螺攻击之前，依靠生物神经系统控制着自己的身体。鸡心螺将针刺刺入鱼的身体后，只用不到一秒的时间就阻止了鱼挣扎，紧接着，毒素展开了第一轮攻击，迅速进入控制鱼类神经信号的化学阀门，使阀门处于长时间的开放状态，毒素不断地侵入鱼体内。由于鸡心螺毒素的作用，鱼的肌肉开始痉挛，就在鱼设法重新控制自己的行动之前，鸡心螺的又一次攻击开始了，毒素攻击着鱼的神经和肌肉之间的接点，阻止了肌肉接受指令，当痉挛变得越来越微弱的时候，鱼彻底瘫痪了。

鸡心螺有的呈灰色和褐色，非常美丽而珍贵。在各种鸡心螺里，以鱼为天然食物的鸡心螺最毒，以海虫为食物的则不会使人类丧命。那些最美丽的通常就是最致命的。鸡心螺的所有毒素都是神经毒，但它们起作用的是受害者的神经或肌肉细胞的各种不同感受器。正是这个特性使得鸡心螺不但对它们自己有用，还裨益人类——人类以其毒素为探针来研究神经路线。它们所有的毒都有一个共同点，即发生作用的速度非常快，因为这些掠食者毕竟是蜗牛，无法快速追逐它们的食物。

科学家们从毒素中提取基因，然后人工培养，经过提纯试验，在临床上希望用来制成缓解癌症疼痛的药物，希望在不久的将来可以取得进一步的临床试验结果。

最奇怪的鱼——海马

海马是最不像鱼的鱼类，集马、虾、象三种动物的特征于一身。它有马形的头，蜻蜓的眼睛，虾一样的身子，还有一个像象鼻一般的尾巴，皇冠式的角棱，头与身体成直角的弯度，以及被甲胄的身体，还有垂直游泳的方式和世界上唯一雄性产子的案例。

海马属是一种奇异的小型海栖鱼类，身长5～30厘米。躯干部由10～12节骨环组成；尾部细长呈四棱形，尾端细尖，能卷曲；头部弯曲，与躯干部呈一大钝角或直角，顶部具突出冠，冠端具小棘，吻呈管状，它的嘴是尖尖的管形，口不能张合，因此只能吸食水中的小动物。它的一双眼睛，也是特别之处，可以分别地各自向上下、左右或前后转动。然而，它本身的身体却不用转动，即可用伶俐的眼睛向各方观看。海马的尾鳍完全退化，脊椎则演化到如猴子尾巴一样，可卷曲来钩住任何突出物体，以固定身体位置。小而几乎透明的鱼鳍，可使海马任意上下左右移动，但速度缓慢。通常海马凭借身上体色的伪装及硬化成皮状的皮肤以逃避掠食者。

栖止时的海马利用尾部具有卷曲的能力，使尾端得以缠附在海藻的茎枝上。故海马多栖息在深海藻类繁茂之外，游泳的姿态也很特别，头部向上，体稍斜直立于水中，完全依靠背鳍和胸鳍来进行运动，扇形的背鳍起着波动推进的作用。

海马的种类并不多，大约有32种，中国有 8 种，分别产于北纬30° 与南纬30° 之间的热带和亚热带沿岸浅水海域。地理范围虽广，但它们只是疏落而狭长地分布于沿岸水域，大多数品种主要在大西洋西部和中南半岛地区出没。

在自然海域中，海马通常喜欢生活在珊瑚礁的缓流中，因为它们不善于游水，故而经常用它那适宜抓握的尾部紧紧钩住珊瑚的枝节、海藻的叶片上，将身体固定，以使不被激流冲走。而大多数种类的海龙生长在河口与海的交界处，因而，它们能适应不同浓度的海水区域，甚至在淡水中也能存活。

海马和海龙的雌雄鉴别很简单，就是雄鱼有腹囊，俗称育儿袋，而雌鱼没有腹囊。腹囊每次可装2000只小海马。海马的"爱情"之舞大约持续8个小时。交配前，雄海马下腹部的腹袋会胀大，准备接受雌海马的卵。雌海马长着长长的产卵管，可将卵子排入雄海马的腹袋里。这些卵在爸爸的腹袋里经过数周后，便会孵化成小海马，准备诞生。这时雄海马就会用尾巴钩住一根结实的海草茎，不断地来回弯曲或伸展身体，犹如人类女性生育时阵痛时的痉挛。同时它们腹袋的口微微张开并逐渐扩大。随后，一只小海马从开口处喷了出来，雄海马不断痉挛，小海马也不断蹦出腹袋。小海马出生后马上升到水面吸气，让体内的鱼鳔充满空气。每只小海马约有1厘米长，出生后不久就开始自行摄食水中的小生物，雄海马此时也已精疲力竭。

海马的种类有很多，克氏海马属海栖鱼类，也是海马中体型最大的一种。

海马也是一种经济价值较高的名贵中药，具有强身健体、补肾壮阳、

▲海胆

舒筋活络、消炎止痛、镇静安神、止咳平喘等药用功能，特别是对于治疗神经系统的疾病更为有效。海马除了主要用于制造各种合成药品外，还可以直接服用健体治病。

海马目前正面临极大的危机，每年数以百万计的海马被捕捞以制成传统中药，或供水族馆饲养。加上人类为了经济发展大量破坏海草区、红树林及珊瑚礁等海马的天然栖息地，影响尤其深远。

以智取胜的智多星

　　陆地上有很多聪明的动物，其实海里的聪明动物也举不胜举，它们不但捕食的技巧令人叫绝，还有很多智慧超群，不愧为海洋动物中的佼佼者。作为生活在茫茫大海里的臣民，想在海洋中占领一席之地，不被大自然淘汰，就必须适应外界复杂而险恶的生存环境和物种间残酷而激烈的斗争，说起这些海洋智多星的自卫方式和手段，真是五花八门、各有绝招、令人赞叹。

极地大哥大——北极熊

北极熊是世界上最大的陆地食肉动物，又名白熊。它头部较小，耳小而圆，颈细长，足宽大，肢掌多毛，是仅次于阿拉斯加棕熊的陆生最大食肉动物之一，体重可达750千克，体长可达2.7米，用后腿直立时，可平视大象。北极熊栖居于北极附近海岸或岛屿地带，独居，常随浮冰漂泊。它生性凶猛，行动敏捷，善游泳，潜水，以海豹、鱼、鸟、腐肉、苔原植物等为食。

北极熊的毛是白色而稍带淡黄色的，但它的皮肤是黑色的，我们从它们的鼻头、爪垫、嘴唇以及眼睛四周的黑皮肤上就能窥见皮肤的原貌。黑色的皮肤有助于吸收热量，这又是保暖的好方法。

北极熊的毛非常特别，它们的毛是中空的小管子，看起来是白色的是由于光线的折射、散射，变成了白色的保护色。这些小管子在阳光的照射下会变成美丽的金黄色，而在阴天或有云的时候，毛管对光线折射和反射较少，人们就会看到白色的北极熊。北极熊的毛发在夏季虽然不像其他北极动物那样换成深色的夏装，不过也可能因为氧化作用而微微变黄。

北极熊在熊科动物家族中属于正牌的食肉动物，它们主要捕食海豹，特别是环斑海豹，此外也会捕食髯海豹、鞍纹海豹、冠海豹。除此之外，它们也捕捉海象、白鲸、海鸟、鱼类、小型哺乳动物，有时也会打扫腐肉。北极熊也是唯一主动攻击人类的熊，它的攻击大多发生在夜间。和其他熊科动物不一样的是，它们不会把没吃完的食物藏起来等以后再吃，甚至享用完脂肪之后就扬长而去，对它们来说，高热量的脂肪比肉更为重要，因为它们需要维持保暖用的脂肪层，还需要为食物短缺的时候

▲北极熊

储存能量。北极熊荤素搭配有度，在夏季它们偶尔也会吃点浆果或者植物的根茎。在春末夏临之时，它们会到海边来取食冲上来的海草，以补充身体所需的矿物质和维生素。

北极熊的视力和听力与人类相当，但它们的嗅觉极为灵敏，是犬类的7倍，时速可达60千米，是世界百米冠军的1.5倍，敏锐的嗅觉是北极熊善于寻找猎物的武器。一般说来北极熊在每年的3月、5月非常活跃，为了觅食辗转奔波于浮冰区，过着水陆两栖的生活。在严冬北极熊外出活动大大减少，几乎可以长时间不吃东西，此时它们寻找避风的地方卧地而睡，呼吸频率降低进入局部冬眠。所谓局部冬眠，一方面是指它们并非如蛇等动物的冬眠，而是似睡非睡，一旦遇到紧急情况便可立即惊醒，应付变故。另外，北极熊只是在较长的一段时间里不吃不喝，而不是整个冬季。北极熊可能也有局部夏眠，即在夏季浮冰最少的时期，北极熊很难觅食，可能也会处于局部夏眠状态。

北极熊是水陆两栖动物，全身披着厚厚的白色略带淡黄色的长毛，它的长毛中空不仅起着极好的保温隔热作用，而且增加了它在水中的浮力。

它的体型呈流线型，熊掌宽大宛如前后双桨，前腿奋力前划，后腿在前划的过程中还可起到船舵的作用。在寒冷的北冰洋水中它从不畏寒，可以畅游数十千米，是长距离游泳健将。遗憾的是，北极熊不会潜泳，这一缺陷也限制了它不能在水下捕食海豹和海象。

北极熊在它们的生命中66.6%的时间是处于"静止"状态，例如睡觉、躺着休息，或者是守候猎物。29.1%的时间是在陆地或冰层上行走或游水，1.2%的时间在袭击猎物，最后剩下的时间基本是在享受美味。北极熊一般有两种捕猎模式，最常用的是"守株待兔"法。它们会事先在冰面上找到海豹的呼吸孔，然后极富耐力地在旁边等候几个小时。等到海豹一露头，它们就会发动突然袭击，并用尖利的爪将海豹从呼吸孔中拖上来。如果海豹在岸上，它们也会躲在海豹视线看不到的地方，然后蹑手蹑脚地爬过来发起猛攻。另外一种模式就是直接潜入冰面下，直到靠近岸上的海豹才发动进攻，这样的优点是直接截断了海豹的退路。吃饱喝足后，北极熊会细心清理毛发，把食物的残渣血迹都清除干净。

北极熊平常也过着单身生活，3～6月是它们的恋爱季节。随着恋爱季节的到来，公熊们还是相当暴力的，常为争夺配偶而相互斗殴，而那些带着幼子的母熊则不得不随时应对公熊们的袭击。由于北极熊也有延迟着床现象，这使怀有身孕的母熊孕期长达195～265天。到了当年的11月底至第二年的1月前后，通常会有两个宝宝降生在母亲"冬眠"的窝里，小家伙们刚降生时体重只有600～700克，眼睛也没有睁开，不过全身已经覆盖着柔软的毛发。这些小东西到了春季和妈妈一起出窝的时候就已经有10～15千克了。 小北极熊们会和妈妈一起生活2～3年后才独立生活。在野外生活的北极熊寿命为25～30年，圈养条件下可活到45岁。

北极狐也叫蓝狐、白狐，被人们誉为雪地精灵。它吻尖，耳圆，尾毛蓬松、尖端白色，是北极草原上真正的主人。

北极狐体长50～60厘米，尾长20～25厘米，体重2500～4000克，体型较小而肥胖，嘴短，耳短小，略呈圆形，腿短，冬季全身体毛为白色，仅鼻尖为黑色。夏季体毛为灰黑色，腹面颜色较浅。有很密的绒毛和较少的针毛，尾长，尾毛特别蓬松，尾端白色。北极狐能在-50℃的冰原上生活。北极狐的脚底上长着长毛，所以可在冰地上行走，不打滑。野外分布于俄罗斯极北部、格陵兰、挪威、芬兰、丹麦、冰岛、美国阿拉斯加和加拿大极北部等地。它结群活动，在岸边向阳的山坡下掘穴居住，每年2～5月发情交配。它的怀孕期为51～52天，每胎产仔6～8只。北极狐的寿命为8～10年。

北极狐很有耐力，平均一天能行进90千米，能够在几个月内从太平洋沿岸迁徙到大西洋沿岸，北极狐天生具有导航能力，它们会在冬季迁徙到600千米外的地方，在第二年夏天再返回家园。

北极狐每年换毛两次。在冬季北极狐披上雪白的皮毛，而到了夏季皮毛的颜色又和冻土相差无几。冰岛和格陵兰甚至有蓝色北极狐变种。在冬季，北极狐的皮毛甚至比北极熊的皮毛还保暖。经过人工饲

雪地小精灵——北极狐

▲北极狐

养可见到大量的毛色突变品种，如影狐、北极珍珠狐、北极蓝宝石狐、北极白金狐和白色北极狐等。因为北极狐个大，体长，毛绒色好，特别是浅蓝色北极狐，被视为珍品。北极狐狐种价格要比其他狐种价格高出30%～50%。

　　狐狸一直被认为是不合群的动物，其实它有一定的社群性。3月份是北极狐的发情期。当发情开始时，雌北极狐头向上扬起鸣叫，这是在呼唤雄北极狐。雄性在发情时，也是鸣叫，比雌性叫得更频繁、更性急些，最后用独特的声调结尾，有些类似猫打架的叫声，也有些像松鸡的声音，一般只要51～52天，一窝小狐狸便诞生了，每窝一般6～8只，最多也有生16个的记录，刚出生的幼狐16～18天后，才能睁眼睛。两个月后，母狐便开始从野外捕来旅鼠、田鼠等喂养小狐狸，小狐狸成长得很迅速。10个月的时间，小狐狸们便开始达到性成熟，开始它们父母亲的那种生活。

在一群狐狸中，雌狐狸的等级分明，它们当中的一个能支配控制其他的雌狐。此外，同一群中的成员分享同一块领地，如果这些领地非要和临近的群体相接，也很少重叠，说明狐狸有一定的领域性。

北极狐的食物包括旅鼠、鱼、鸟类与鸟蛋、浆果和北极兔，有时也会漫游海岸捕捉贝类，但主要的食物还是旅鼠。当遇到旅鼠时，北极狐对准猎物跳起来，然后猛扑过去，将旅鼠按在地下美餐一顿。有意思的是，当北极狐闻到在窝里的旅鼠气味和听到旅鼠的尖叫声时，它会迅速地挖掘位于雪下面的旅鼠窝，等到扒得差不多时，北极狐会突然高高跳起，借着跃起的力量，用腿将雪做的鼠窝压塌，将一窝旅鼠一网打尽，逐个吃掉它们。大型食草动物不是它们的唯一食物来源，它们也会捕捉小鸟，捡食鸟蛋，追捕兔子，或者在海边上捞取软体动物充饥，秋天它们也到草丛中寻找一点浆果吃，以补充身体需要的维生素。

北极狐之所以能在北极这种严酷的自然环境下生存下来，完全得益于它们那身浓密的毛皮。即使气温降到零下四五十摄氏度，它们仍然生活得很舒服。这是大自然赐予它们的礼物。

海中狮子王——海狮

海狮是一种应用价值很高的动物，无论在科学还是军事上都是重要的角色，但海狮也是一种濒危物种，是国家二级保护动物。海狮吼声如狮，且个别种颈部长有鬣毛，又颇像狮子，因而有"海中狮王"之称。

雄海狮的体长为310～350厘米，体重在1000千克以上；雌海狮体长250～270厘米，体重大约为300千克。它的头顶略微凹陷，吻部较为细长，外耳壳很长，可达5厘米。雄兽在成长过程中，颈部逐渐生出鬣状的长毛，但没有绒毛。身体主要为黄褐色，胸部至腹部的颜色较深，雌兽的体色比雄兽略淡，没有鬣毛，幼兽黑棕色。雄兽具很小的阴囊。面部短宽，吻部钝，眼和外耳壳较小。前肢较后肢长且宽，前肢第一指最长，爪退化。后肢的外侧趾较中间三趾长而宽，中间三趾具爪。它的四脚像鳍，很适于在水中游泳。海狮的后脚能向前弯曲，使它既能在陆地上灵活行走，又能像狗那样蹲在地上。

海狮是海洋中的食肉类猛兽。海狮的食物主要为底栖鱼类和头足类。在人工饲养下，一头海狮一天要吃40千克的鱼。在自然条件下，海狮的活动量大增，它们的食量还会增加2～3倍。除了繁殖期外一般没有固定的栖息场所，雄兽每个月要花上2～3周的时间去远处巡游觅食，而雌兽和幼仔在陆地上逗留的时间相对较多。海狮白天在海中捕食，夜里则在岸上睡觉。它的食物包括乌贼、蚌、海蜇等，多为整吞，不加咀嚼。为了帮助消化，还要吞食一些小石子。

海狮在地球上分布广、种类多，目前主要分布在北太平洋的寒温带海域，中国见于黄海海域和渤海海域。海狮没有固定的栖息地，每天都要为寻找食物的来源而到处漂游。目前，人们已知的海狮有14种，它们大致可分为两类：一类个头较大，体被稀疏刚毛，没有或极少绒毛，共5种，如北海狮和南海狮；另一类个头较小，身上既有刚毛，又有厚而密的绒毛，共9种。海狮多集群活动，有时在陆岸可组成上千头的大群，但在海上常发现有1头或十多头的小群体。它们主要聚集在饵料丰富的地区。

每年5～8月间一只雄兽和10～15只雌兽组成多雌群体，身强力壮的雄兽便首先到达岸边的繁殖场所，生殖群形成以后，雌兽并不马上与雄兽交配，因为它们都已经怀胎很久，即将分娩，所以要先做好"生儿育女"的准备，待生下幼仔一周以后，才开始与雄兽进行交配，受孕以后，到翌年的繁殖期到来时再度生产。雌兽在一个繁殖期内需要交配1～3次，一般是生产之后交配越早受精率就越高。每只雌兽受孕之后就立即退出多雌群，由其他未经交配的雌兽陆续补充进来。

雌兽每胎仅产1仔，幼仔只需10分钟左右即可产出，刚出生的幼仔体长约为100厘米，体重约20千克，雌兽的乳汁很浓，含脂量也很高，所以每1～2天哺乳一次，就能使幼仔得到足够的营养，雌兽产仔后5个星期便开始下海觅食，每隔2～3天回来一次。雌兽一般连声高叫，召唤幼仔。幼仔不会游泳，也不敢下水，到了5～6月份的时候才开始以小甲壳动物和小鱼作补充食物，此后慢慢地学会到海里去游泳和捕食，3～5岁时达到性成

▲海狮

熟，寿命可达20年以上。

　　经过驯养之后的海狮，能表演顶球、倒立行走以及跳跃距水面1.5米高的绳索等技艺。海狮的胡子比耳朵还灵，能辨别几十海里外的声音。海狮是"智商"最高的动物之一，日本伊豆半岛的一只海狮经过近一年的训练，学会了用下腭触击钢琴琴键，连续不断地奏出乐音。海狮对人类帮助最大的莫过于替人潜至海底打捞沉入海中的东西。由于海狮有着高超的潜水本领，它可以帮人们完成一些潜水任务。

海象，顾名思义，即海中的大象，在高纬度海洋里，除了大鲸之外，海象仅次于海豹（雄性重2～3吨），属于第三大哺乳动物了，有人称它是北半球的"土著"居民。它身体庞大，皮厚而多皱，有稀疏的刚毛，眼小，视力欠佳，体长3～4米，重达1300千克左右，长着两枚长长的牙。与陆地上肥头大耳、长长的鼻子、四肢粗壮的大象不同的是，它的四肢因适应水中生活已退化成鳍状，不能像大象那样步行于陆上，仅靠后鳍脚朝前弯曲及獠牙刺入冰中的共同作用，才能在冰上匍匐前进。

海象性喜群居，数千头簇拥在一起。夏季一来，它们便成群结队游到大陆和岛屿的岸边，或者爬到大块冰山上晒晒太阳。海象的群居习性使得人类易于捕杀它们。如果有同类受伤，其他海象必定前去帮助，不会为自身的安全考虑。海象虽然外形丑陋，但通常是很友善的，只有受到骚扰时才会怒吼、咆哮。

海象的视觉差，两眼眯得像缺乏活力的老头子。平睡时，半个脊背露出水面像座浮动小山丘，随波起伏。直睡时，头、肩露在外面，呼吸挺方便。海象为何能直睡呢？原来它的咽部有个气囊，内充满空气时，使它像气球般悬浮在水中。海象的嗅觉和听觉十分灵敏，当它们在睡觉时，有一只海象在四周巡逻放哨，遇到情况，就发出公牛般的叫声，把酣睡的海象叫醒。海象的躯体笨重，可是行动起来非常敏捷，能在嶙峋岩石间游来游去。海象习惯生活于海洋中的深水领域，阳光无法射到这里。像蝙蝠和海豚那样，海象并不具有特异的视觉功能，海象性情懒惰，将自己有限的生命大部分用在睡懒觉上。

海象的皮下约有三寸（1寸约3.3厘米）厚的脂肪层，能耐寒保温。海象在陆地上与海水中皮肤的颜色不一样，因为在陆上血管受热膨胀，呈棕红色。在水中，血管冷缩，将血从皮下脂肪层挤出，以增强对海水的隔热能力，因而呈白色。

在众多的海洋动物中，海象是最出色的潜水能手。海象一般能在水中潜游20分钟，潜水深度达500米，个别的海象，可潜入创纪录的1500米的深水层，大大超过了一般军用潜艇，后者至多可下潜300米。海象在潜入海底后，可在水下滞留两个小时，一旦需要新鲜空气，只需3分钟就能浮出水面，而且无需减压过程。海象之所以具有如此惊人的潜水本领，主要得益于它体内极为丰富的血液。一头体重2~4吨的海象，血液占整个体重的20%。而人类的血液，仅占体重的7%，比海象少了近2/3。由于海象体内血液多，含氧量也多，在海洋中下潜的深度大、时间长也就不足为奇了。

海象主要生活于北极海域，也可称得上北极特产动物，但它可进行短途旅行。所以在太平洋，从白令海峡到楚科奇海、东西伯利亚海、拉普捷夫海；在大西洋，从格陵兰岛到巴芬岛，从冰岛和斯匹次卑尔根群岛至巴伦支海都有其踪影。由于分布广泛，不同环境条件造成了海象一定的差异。因此，生物学家们把海象又分成两个亚种，即太平洋海象和大西洋海象。它们每年5~7月北上，深秋南下。

海象的繁殖率极低，每2~3年才产一头小海象。孕期12个月左右，哺乳期为1年。刚出生的小海象体长仅1.2米左右，重约50千克，身被棕色的绒毛，以抵御严寒。在哺乳期间，母海象便用前肢抱着自己心爱的宝宝，有时就让小海象骑在背上，以确保安全健康地生长。即使断奶后，由于幼兽的牙尚未发育完全，不能独自获得足够的食物和抵抗来犯之敌，所以小海象还要和母海象待3～4年的时间。当小海象牙长到10厘米之后，才开始走上独自谋生的道路。

　　海象是一种珍稀动物，也是一种经济海兽。海象在自然界的天敌很少，捕杀海象的记录仅见于人类、北极熊和虎鲸。由于多个国家的竞相猎捕，海象的数量正从两三世纪前的数百万头锐减至今天的大约7万头以下。1972年制定的"国际海洋哺乳动物保护条例"已经把海象列为保护对象，禁止任意捕杀。

▲海象

阴险的猎手——虎鲸

虎鲸是一种大型齿鲸，身长为8～10米，体重在9吨左右，背呈黑色，腹为灰白色，有一个尖尖的背鳍，背鳍弯曲长达1米，嘴巴细长，牙齿锋利，性情凶猛，食肉动物，善于进攻猎物，是企鹅、海豹等动物的天敌。有时它们还袭击其他鲸类，甚至是大白鲨，可称得上是"海上霸王"。

虎鲸的体型极为粗壮，头部呈圆锥状，没有突出的嘴喙。大而高耸的背鳍位于背部中央，其形状有高度变异性，雌鲸与未成年虎鲸的背鳍呈镰刀形，而成年雄鲸则多半如棘刺般直立，高度为1～1.8米。胸鳍大而宽阔，大致呈圆形，这点与大多数海豚科成员的典型镰刀状背鳍不同。上、下颚各有10～14对大而尖锐的牙齿作为武器，每颗牙大概有8厘米长。

虽然虎鲸的牙齿非常坚硬，但却不如鲨鱼的牙齿那么锋利，因此主要用于摄取而不是咀嚼，而被它叼住的食物都是整个吞下的。虎鲸的食物多样，从小型结群鱼类一直到大型须鲸与抹香鲸都有可能成为它们的猎物；其他的如海豹等鳍脚类动物、海龟、海豚、海狗、海獭、海牛、儒艮、鲨鱼等，甚至还有鹿与麋鹿，似乎是趁它们游泳横渡水道时伺机捕食。甚至会利用涨潮冲到海岸边，捕捉来不及逃走的海豹、企鹅。虎鲸是凶猛的，海洋中的露脊鲸、长须鲸、座头鲸、灰鲸、蓝鲸等大型鲸类也都畏之如虎。虎鲸不以人类为食，野生虎鲸从未有伤人记录。

虎鲸广泛分布于全世界的海域日本北海，冰岛，对于水温、深度等因素似乎没有明显的限制。它们在高纬度地区有相当高的栖息密度，特别是在猎物充足的海域。它们的移动情形普遍与追踪猎物或增加捕食率有关，时间通常在鱼类产卵季与海豹的生产期。到了夏天，大西洋中大多数的虎鲸都栖息于浮冰边缘或有浮冰的水道，以须鲸、企鹅、海豹等为食。

虎鲸喜欢群居的生活，有2~3只的小群，也有40~50只的大群，每天总有2~3个小时静静地待在水的表层，因为肺部充满了足够的空气，所以能够安然地漂浮在海面上，露出巨大的背鳍。群体成员间的胸鳍经常保持接触，显得亲热和团结。如果群体中有成员受伤，或者发生意外失去了知觉，其他成员就会前来帮助，用身体或头部连顶带托，使其能够继续漂

▲虎鲸

浮在海面上，就是在睡觉时也扎成一堆，这是为了互相照应，并保持一定程度的清醒。它们在一起旅行、用食，以种群为社会组织，在广大的家庭中休息，互相依靠着生存长大。

虎鲸的社会形态是母系，交配对象的选择比较复杂，不是由雄性的力量决定一切：例如鲸群的族长有时能活到80岁，在晚年也有交配的例子，它们选择交配的对象一般是鲸群内部年长的雄性。鲸群内没有父子关系和父女关系，雄性的责任是出去寻找食物，然后引导鲸群集体猎杀，分工明确，没有地位的高低；而母女、母子关系则非常稳定，是一辈子的关系，一般不会离群。出现孤鲸的原因一般是受伤或迷路。当族群过大时，会"分家"，产生一个新的族群。

如果说座头鲸是鲸类中的"歌唱家"，白鲸是海中"金丝雀"，那么虎鲸就是鲸类中的"语言大师"了，它能发出62种不同的声音，而且这些声音有着不同的含义。例如在捕食鱼类时，会发出断断续续的"咋嚏"声，如同用力拉扯生锈铁门窗铰链发出的声音一样，鱼类在受到这种声音的恐吓后，行动就变得失常了。

雀鳝，又叫鸭嘴鳄，属于雀鳝目雀鳝科，体长40～50厘米，长筒形。嘴部前突，上下颌有骨板，有牙齿，酷似鳄鱼嘴。体青灰色，体表有暗黑色花纹。雀鳝皮肤有硬鳞覆盖，皮坚鳞厚，皮肤粗糙。主要栖于淡水，但有的种可降入半咸水甚至咸水。常像圆木一般，浮于流动缓慢的水面晒太阳并呼吸大气中的空气。雀鳝有锐利牙齿，是大型凶猛鱼类，肉食性，背鳍靠后，尾鳍圆形，最长的据报道可达6米。雀鳝肉可以食用，但卵有毒。

雀鳝生活于热带河流、美国南部湖泊、中美地区、墨西哥以及西印度群岛等地。雀鳝是一种凶猛的食肉鱼，长着长长的嘴巴和尖尖的牙齿。这种鱼会攻击它所遇见的所有鱼类，捕食时，它会一动不动的装死，直到猎物靠近它时才发起致命的一击，然后围着被咬死的鱼转1～2圈后再将其吃掉。雀鳝全身长了一层菱形鱼鳞，看上去就像武士穿的盔甲一样异常坚硬，实际上它是由无机盐组成的。许多已灭绝的远古鱼类也有这种鱼鳞。像其他远古鱼类一样，雀鳝体内也长了一个与食道相连的鱼鳔，可用来呼吸。雀鳝卵有巨毒，人类或其他热血动物若不慎食用将导致死亡。

目前发现的雀鳝有十几个种类，最大的特点就是身体被菱形的硬鳞平铺覆盖，鳞质甚硬，称为骨鳞；

尾部呈圆形，是古老鱼种独具的圆尾；多数种类的口尖如鳄鱼，吻部较长，且牙齿发达锋利。雀鳝出现得非常早，繁盛在侏罗纪和白垩纪早期，分布于世界各地淡水区域，现在只生存在北美洲附近，主要产地是北美洲的密西西比河。

雀鳝的繁殖能力不算很强，但幼鱼成活率颇高，这也是该鱼种能顺利保留到现在的一个主要原因。它能以鳔呼吸，鳔与食道相通，在缺氧环境中，把空气吞到鳔中呼吸，所以能在陆地上短时间生存。目前中国大陆水域尚未发现有雀鳝生存。多数种类的口尖如鳄鱼，吻部较长，且牙齿发达锋利。雀鳝出现得非常早，繁盛在侏罗纪和白垩纪早期，分布于世界各地淡水区域，现在只生存在北美洲附近，主要产地是北美洲的密西西比河。

雀鳝的饲养水温为20~26℃，水质要求不严。它的饵料有小活鱼、鱼肉、水蚯蚓等，在水族箱中雀鳝很难繁殖。

由于其生性凶猛，生存能力强，若任其在本地繁衍，将对当地渔业造成巨大危害。它出现在天然水域是十分危险的事情，以肉食为主，极有可能对本地鱼类造成毁灭性的危害。

馒头蟹俗名面包蟹、逍遥馒头蟹、红枣饽饽。它形如其名，体长10～15厘米，身宽6～10厘米，呈椭圆形，深红色的油光发亮的背部点缀着许多淡红色的斑点，8只步足全都龟缩在甲壳里，一对扁平的大螯紧紧掩住嘴脸，并与体壳嵌合在一起。最令人称奇的是它的一对小眼睛竖起来长在甲壳中间，就像馒头上插的两颗枣。

馒头蟹的头胸甲背部甚隆，表面具5条纵列的疣状突起，侧面具软毛；额窄，前缘凹陷，分2齿；眼窝小；前侧缘具颗粒状齿；后侧缘具3齿；后缘中部具1圆钝齿，两侧各具4枚三角形锐齿。螯脚形状不对称，右边的指节较为粗壮，螯脚收缩时则紧贴前额。步脚细长而光滑。雄性腹部呈长条状，第三至五节愈合，

海底智多星——馒头蟹

▲绮丽的海滩

节缝可辨，第六节近长方形，第七节锐三角形。雌性腹部呈阔长条形，第六节近长方形，第七节三角形。头胸甲为浅褐色；眼区具一半环状的赤褐色斑纹；螯脚腕节和长节外侧面具一赤褐色斑点；步脚尖端为褐色。雄性头胸甲长62.0毫米，甲宽83毫米；雌性头胸甲长70毫米，甲宽93毫米。

馒头蟹主要产自中国、日本、韩国、印尼、新加坡、马来群岛、波斯湾、红海及印度洋。它常年栖息于水深30～100米的沙质或沙泥质海底。

馒头蟹属有6个物种，分别为肝叶馒头蟹、卷折馒头蟹、地区馒头蟹、逍遥馒头蟹、公鸡馒头蟹和小型馒头蟹。

馒头蟹生活在布满沙砾和五颜六色的鹅卵石的海底，中国著名的大沙渔场就生有许多这种蟹。在长期的生存竞争中，为了躲避敌害、保护自己，馒头蟹的体色逐渐变得和海底的石块一样。而且，随着年龄的增长，甲壳上的斑点越来越多，不仔细辨认，简直就是一块粘满沙粒的卵石，伪装得巧妙极了。这样，它们基本可以生活得无忧无虑。

但是馒头蟹的天敌章鱼却不想让它们安宁。章鱼喜欢攀缠石块，经常把石块作为掩体向猎物进攻。在这种情况下，伪装成石块的馒头蟹就不可避免地落入章鱼魔爪了。馒头蟹对付章鱼，可谓"以其人之道，还治其人之身"，章鱼利用掩体进攻，馒头蟹也利用掩护物逃脱。它们通常在晚间忙于生计，白天成群结队地趴在海底沙丘顶部静养。这时，如有章鱼来犯，它们便伸出一只大螯，将身体倾向一边，用另一侧的步足迅速地扒着沙子，一边顺沙丘的斜坡滚动，在一片"飞沙走石"之中，转瞬间就消失得无影无踪了。

六鳃鲨结构很原始，鳃孔有6～7个，眼无瞬膜或瞬褶，有喷水孔。背鳍1个，无硬棘，后位，具臀鳍；胸鳍的中轴骨伸达鳍的前缘，前鳍软骨无辐状鳍条。脊椎分节不完全，但椎体多少钙化。吻软骨1个。颌两接型，上颌以筛突和耳突接于头骨，不与舌颌软骨相连。卵胎生。六鳃鲨眼小，椭圆形。鼻孔近吻端。上下颌牙异型。上颌牙尖而细长，主齿头向后弯曲，下颌牙宽扁，长方形，具几个小齿头，呈梳状。尾鳍延长，尾椎轴稍上翘。其中六鳃鲨属鳃孔6个。灰六鳃鲨体长可达4米以上，重达400千克，分布于大西洋、地中海及太平洋各近陆海区，在中国见于南海和东海南部。哈那鲨属鳃孔7个，头宽扁，吻广圆。扁头哈那鲨体灰褐色，杂以黑色斑点，分布于地中海、印度洋及太平洋西北部，黄海、渤海产量较多，东海也有分布。体长达2米，重约50千克。七鳃鲨属鳃孔7个，吻尖突，有1种。尖吻七鳃鲨分布于大西洋和太平洋，在中国见于东海。一般栖息深海处，主要以鱼为食。

六鳃鲨属于六鳃鲨目，是深海鲨中的一个常见种类，它也是不以浮游生物为食的大型鲨鱼之一。它的名字就来自于它有六对鳃裂，而不是像多数鲨鱼那样有五对；它的另一大特点是背鳍位置靠近尾巴，而绝大部分其他种类鲨鱼都是在后背中部有一个突出的背鳍。

六鳃鲨是一种大型鲨鱼，可以长到5.5米，它们有一个其他鲨鱼没有的特技，就是能短时间改变身体颜色。由于这种鲨游泳不快，它们就利用这种技能和背景混合起来，然后偷偷靠近游泳快的猎物。

六鳃鲨吃好多种动物，包括鱿鱼等头足类动物、虾蟹等甲壳动物、各种鱼以及海洋哺乳动物，除非被故意激怒，否则通常对人无危险。它们可以潜的深度大约是1 828米，夜晚追逐那些到表层进食的洄游猎物来到海洋浅层，所以它也是典型的昼夜洄游的动物。

六鳃鲨的生殖方式是卵胎生。由于它们多数时间都待在深海，对于这个种类的鲨的习性知道得不多。

六鳃鲨广泛分布于世界各大洋的热带及温带海域，栖息于大陆架或岛屿斜坡外缘的近、外海底层，一般栖息深度在180～1 100米附近，但最深可达2 000米，日夜垂直分布，白天栖于底层，晚上至上层觅食，主要以其他小型鲛类、小型硬骨鱼类、甲壳类及乌贼等为食。

六鳃鲨被网捕到后并不拼命挣扎，给人大义凛然、视死如归的感觉。卵胎生，一胎可产下22～108尾幼鲨，刚出生的幼鲨体长可达60～70厘米。体长2米时性成熟。六鳃鲨隶属六鳃鲨目六鳃鲨科六鳃鲨属，本属鳃孔6对，下颌牙宽，呈梳状，中央齿齿缘锯齿状，齿尖都不高。

六鳃鲨科体不呈鳗形，口大，下位。两颌齿异形，上颌牙尖而细长，中央齿向后弯曲；下颌牙宽扁，呈长方形，具几个小齿头。背鳍一个，起于腹鳍后方，尾鳍延长。本科有3属5种。扁头哈那鲨上下颌牙侧扁，上颌每侧6个牙，内缘具大齿头1个，外缘具1～3小齿头；下颌牙梳状，具5～6齿头。体背灰褐色，腹面灰白色，体表散布不规则之黑色斑点。背鳍1个位于体后方；尾鳍很长，后部有1缺刻。

六鳃鲨分布于地中海、印度洋及太平洋西北部各海区，栖息近海底层，游泳缓慢，性凶猛，主食中小型鱼类及甲壳动物。卵胎生，每次产10余尾，胎儿的卵黄囊颇大，全长约15厘米。皮可制革，肉供食用，肝含油量达65%～70%，可制鱼肝油。

懒汉偷袭者——扁鲨

扁鲨的外形与常见的鲨有所不同，它的身体平扁，很像一把琵琶，故也有人称其为琵琶鲨。它平常不喜欢活动，披一身近似于环境的颜色，潜伏在海底，以逸待劳捕捉食物。一旦受到惊吓，则可借助其宽大的胸鳍既可"飞"又可"滑翔"，尤其是"起跑"速度非常惊人。

扁鲨经常出没于太平洋东部，从阿拉斯加到加利福尼亚港，从厄瓜多尔到智利南部，它们生活在3~1300米的水域，它们也分布于朝鲜西南部、日本本州中部以南的海域，中国台湾海峡、东海、黄海均可见到。中国已发现的扁鲨共有4种，它平常不喜欢活动，夜晚是它出没的高峰时间。

扁鲨平均长1.5米，虽然很像大型魟鱼，但实际上它们是一种头部很大、身体十分扁平的鲨鱼，它们的腹鳍很大，像翅膀一样，它们没有肛鳍，两个背鳍都十分靠后，尾鳍的下半叶十分明显，背部为灰棕色，散布有棕色的斑点，对人类有轻度危险。

西方俗称扁鲨为天使鱼或僧鱼；眼上位；口宽大，亚前位；牙上、下颌同型，细长单齿头型；鼻孔前位；鳃孔5个，宽大，延伸至腹面；背鳍2个，无硬棘。

中国有星云扁鲨，它喷水孔间隔小于眼间隔；胸鳍外缘与后缘大于90°；胸鳍前、后方及背鳍基底具暗色斑块，现仅见于南海，也随暖流分布到朝鲜釜山

▲海岛风光

和日本南部沿岸。日本扁鲨的普通体长小于1米，大者可达1.5米，常浅埋于泥沙中，头部露出，静待鱼类到来，起而捕之。身体常分泌大量黏液，以去除泥沙，行动滞缓，不善游泳。扁鲨食鱼类、甲壳类和软体动物。卵胎生。胎儿具很大卵黄囊，卵黄管粗短，每产10多仔，为黄海和东海次要经济鱼类，在黄海产量较大，为渔业捕捞对象之一。

南澳岛一从事拖网作业的渔船在台湾浅滩附近海域作业时，意外捕获到一庞然大物——大扁鲨。这条大扁鲨身长5米，圆形头、嘴扁且大，状似娃娃，憨态可掬，其表面呈灰色，背部遍布白斑纹点，腹部乳白色，整鱼重达1.2吨。

据岛上的海洋专家介绍，大扁鲨因嘴扁而得名。这种鲨鱼目前海洋中已经很少，像这么大的扁鲨现已十分罕见。由于这类鲨鱼一般都在秋末出没海面，因此才被渔民捕获。记者看到，当岛上的收鱼船前来收购时，由于人力无法搬运，只好动用船上的机械吊秤进行吊运。鲨鱼身上稍大一点的鳍，都是制作高级滋补品——鱼翅的原料。

不可一世的海中霸主

在地球漫长的生物进化史上，曾出现过很多可怕的巨型怪兽。许多海洋爬行动物也是在中生代进化过来的，有些因数量众多、分布面广而称霸海洋，美丽的海洋，有时会危机四伏，那些顶级的海洋掠食者，都有着巨大的体格和超乎寻常的本领，而只有有能力的动物才能在海底世界相安无事，它们灵活地穿梭在海洋中的每一个角落，轻松捕食锁定的猎物，可称得上是海洋中的霸者。

海中巨灵神——鲸

鲸是生活在海洋中的哺乳动物，是世界上存在的哺乳动物中体型最大的。鲸的祖先和牛羊的祖先一样，生活在陆地上，后来环境发生了变化，鲸的祖先就生活在靠近陆地的浅海里。又经过了很长很长的年代，它们的前肢和尾巴渐渐成了鳍，后肢完全退化了，整个身子成了鱼的样子，适应了海洋的生活。

鲸是海洋中最大的动物，最大的体长可达30多米，最小也超过5米。目前，已知最大的鲸约有160吨重，最小的也有两吨，鲸的体形像鱼，呈梭形；头部大，眼小，耳廓完全退化；颈部不明显；前肢呈鳍状，后肢完全退化；多数种类背上有鳍；尾呈水平鳍状，是主要的运动器官；有齿或无齿；鼻孔1～2个，长在头顶上；整个身子没有毛（有许多种类只在嘴边尚残余一些毛）。

鲸在世界各海洋均有分布。鲸鱼并不是鱼类，它有许多和鱼类极不相同的特性，例如一般鱼类是左右摆动尾鳍来使身体前进，而鲸鱼却是以上下摆动尾鳍的方式前进。它们利用前端的鳍状肢来保持身体平衡及控制方向，有些鲸鱼背部的上端还有能保持身体垂直的鳍。

鲸的身子这么大，它们吃什么呢？须鲸主要吃虾和小鱼。它们在海洋里游的时候，张着大嘴，把许多小鱼小虾连同海水一齐吸进嘴里，然后闭上嘴，把海水从须板中间滤出来，把小鱼小虾吞进肚子里，一顿就可以吃2000多千克。齿鲸主要吃大鱼和海兽。它们遇到大鱼和海兽，就凶猛地扑上去，用锋利的牙齿咬住，很快就吃掉。有一种号称"海中之虎"的虎鲸，常常好几十头结成一群，围住一头30多吨重的长须鲸，几个小时就能把它吃光。

就整个海兽类而言，以鲸的种类为最多，数量也最可观。鲸可以分为两大类：一类是口中没有牙齿，只有须的，叫须鲸；另一类是口中无须而一直保留牙齿的，叫齿鲸。须鲸的种类虽少，但它们身体巨大，成为人类最主要的捕捉对象，其中有身体巨大、无与伦比的蓝鲸，有行动缓慢、头大体胖的露脊鲸，有喜游近岸、体短臂长、动作滑稽的座头鲸，还有体小吻尖的小须鲸等。

鲸类动物的共同特点是体温恒定，为35.4℃左右。皮肤裸出，没有体毛，仅吻部具有少许刚毛，没有汗腺和皮脂腺。皮下的脂肪很厚，可以保持体温并且减轻身体在水中的比重。头骨发达，但脑颅部小，颜面部大，前额骨和上颌骨显著延长，形成很长的吻部。颈部不明显，颈椎有愈合现象，头与躯干直接连接。前肢呈鳍状，趾不分开，没有爪，肘和腕的关节不能灵活运动，适于在水中游泳。后肢退化，但尚有骨盆和股骨的残迹，呈残存的骨片。尾巴退化成鳍，末端的皮肤左右向水平方向扩展，形成一对大的尾叶，但并不是由骨骼支持的，脊椎骨在狭长的尾干部逐渐变细，最后在进入尾鳍之前消失。尾鳍和鱼类不同，可上下摆动，是游泳的主要器官。有些种类还具有背鳍，用来平衡身体。它们的骨骼具有海绵状组织，体腔内有较多的脂肪，可以增大身体的体积，减轻身体的比重，增大浮力。

鲸类是一种生活在水中的哺乳动物，对水的依赖程度很大，以致它

▲鲸鱼表演

们一旦离开了水便无法生活。为适应水中生活，减少阻力，它们的后肢消失，前肢变成划水的浆，身体成为流线型，酷似鱼。因而它们的潜水能力很强，海豚（小型齿鲸）可潜至100～300米的水深处，停留4～5分钟，长须鲸可在水下300～500米处呆上1小时，最大的齿鲸——抹香鲸能潜至千米以下，并在水中持续两小时之久。它具有和陆上哺乳动物相同的生理特征，例如用肺呼吸、胎生等，更配备了一些为适应水生环境所演化出的特殊生理构造。鲸目之下又区分为两个亚目，分别是须鲸亚目和齿鲸亚目。这两大类的分群，在学术上主要是依据它们摄食方式的不同而定。须鲸亚目主要的形态特征是没有牙齿，但是有巨大的鲸须，可用来筛选浮游生物，所以为滤食性。齿鲸亚目的主要特征为有牙齿，掠食性，其牙齿的数目与排列方式受到食性的影响会有不同，全世界现存有13科约79种。

鲸鱼是群集动物，它们通常成群结队的在海里生活，可是当鲸鱼呼吸时，就需要游到水面上来，这时鲸鱼是利用头上的喷水孔来呼吸，呼气时，空气中的湿气会凝结而形成我们所熟悉的喷泉状。专家们甚至可以从水喷出的高度、宽度及角度，来辨识鲸鱼的种类。

鲸鱼的表皮下有极厚的脂肪层，那就是俗称的鲸油，它可以使鲸体保持温暖，而且也能贮存能量以供应不时之需。由于鲸鱼体内拥有许多特殊的构造，使它能够长时间待在水中屏住呼吸、减慢心跳速度，因此当它沉到海底，总要经过很长一段时间后，才会再浮出水面。鲸鱼除了具有贮存氧气的构造外，当身体某个部位需要大量的血液供应时，体内还会有集中供应的特殊机能。

鲸的繁殖能力比较差，平均两年只能产下一头幼鲸。每年一些鲸都会离开食物丰富的极地海洋，去寻找更加温暖的海域以便生育后代。它们在非常确定的时期内，经过几个月的时间，行程数千千米。每个冬天，许多游客航行万里，就是为了在夏威夷海和墨西哥湾能遇到它们。

虎鲸能发出62种不同的声音，而且不同声音具有不同的含义。生活在不同海区里的虎鲸，甚至不同的虎鲸群，它们使用的"语言音调"有不同程度的差异，类似人类的方言，所以研究人员称它为"虎鲸方言"。有时候，某一海区出现大量鱼群，虎鲸群从四面八方赶来觅食，但它们的叫声却互不相同。研究人员推测，虎鲸之间可以通过"语言"交谈，至于它们是怎样听懂对方的"方言"的，是否也像人类一样配有翻译，至今还是个不解之谜。

无敌杀戮者——鲨鱼

鲨鱼，在古代叫鲛、鲛鲨、沙鱼，是海洋中的庞然大物，所以号称"海中狼"。世界上约有380种鲨鱼，约有30种会主动攻击人，有7种可能会致人死亡，还有27种因为体型和习性的关系，具有危险性。

鲨鱼的体型不一，身长小至0.2米，大至18米。鲸鲨是海中最大的鲨鱼，长成后身长可达20米。虽然鲸鲨的体型庞大，但它的牙齿在鲨鱼中却是最小的，所幸鲸鲨的食物是浮游生物，否则，人类可就有难了！最小的鲨鱼是侏儒角鲨，小到可以放在手上。

鲨鱼除了具有人类的五种感觉器官，还有其他的器官。鲨鱼在海水中对气味特别敏感，尤其对血腥味，伤病的鱼类不规则的游弋所发出的低频率振动或者少量出血，都可以把它从远处招来，甚至能超过陆地狗的嗅觉。它可以嗅出水中1毫克每升浓度的血肉腥味来。1米长的鲨鱼，其鼻腔中密布嗅觉神经末梢的面积可达4842平方厘米，如5～7米长的噬人鲨，其灵敏的嗅觉可嗅数千米外的受伤人和海洋动物的血腥味。鲨鱼最敏锐的器官是嗅觉，它们能闻出数里外的血液等极细微的物质，并追踪出来源。它们还具有第六感——感电力，鲨鱼能借着这种能力察觉物体四周数尺的微弱电场。它们还可借着机械性的感受作用，感觉到200米外的鱼类或动物所造成的震动。

鲨鱼游泳时主要是靠身体，像蛇一样的运动并配合尾鳍像橹一样的摆动向前推进。稳定和控制主要是运用多少有些垂直的背鳍和水平调度的胸鳍。鲨鱼多数不能倒退，因此它很容易陷入像刺网这样的障碍中，而且一陷入就难以自拔。鲨鱼没有鳔，所以这类动物的比重主要由肝脏储藏的油脂量来确定。鲨鱼密度比水稍大，也就是说，如果它们不积极游动，就会沉到海底。它们游得很快，在水中，大白鲨可以以43千米的时速穿梭，但它们只能在短时间内保持高速。鲨鱼每侧有5～7个鳃裂，在游动时海水通过半开的口吸入，从鳃裂流出进行气体交换。

令人惊讶的是鲨鱼的牙齿不是像海洋里其他动物那样固定的一排，而是具有5～6排，除最外排的牙齿真正起到牙齿的功能外，其余几排都是"仰卧"着为备用，就好像屋顶上的瓦片一样彼此覆盖着，一旦在最外一层的牙齿发生一个脱落，里面一排的牙齿马上就会向前面移动，用来补足脱落牙齿的空穴位置。同时，鲨鱼在生长过程中较大的牙齿还要不断取代小牙齿。因此，鲨鱼在一生中常常要更换数以万计的牙齿。据统计，一条鲨鱼在10年以内竟要换掉两万余颗牙齿。它的牙齿不仅强劲有力，而且锋利无比。

在某种意义上讲鲨鱼全身是牙，其体表覆盖的盾鳞构造和牙齿相近，可以称得上皮肤牙齿。鲨鱼的牙齿有几百颗，可以移动，因此鲨鱼不用担心牙齿不够用，因而具有很大的攻击力。大白鲨是目前为止海洋里最厉害的鲨鱼，以强大的牙齿称雄。

鲨鱼以受伤的海洋哺乳类、鱼类和腐肉为生，剔除动物中较弱的成员。鲨鱼也会吃船上抛下的垃圾和其他废弃物。此外，有些鲨鱼也会猎食各种海洋哺乳类、鱼类、海龟和螃蟹等动物。有些鲨鱼能几个月不进食，大白鲨就是其中一种。

鲨鱼的种类很多，世界海洋能分辨出的鲨鱼种类至少有344种。鲨鱼主要有白鲨目、虎鲨目，而真鲨目背鳍2个，无硬棘，具臀鳍，鳃孔5个，颌舌接型，吻软骨3个，眼有瞬褶或瞬膜，椎体具辐射状钙化区域，4个不钙化区域有钙化辐条侵入。肠的螺旋瓣呈螺旋形或画卷形。全世界共有鲨鱼4亚目7科49属200余种。角鲨目是软骨鱼纲板鳃亚纲的一目。背鳍2个，硬棘有或无；臀鳍消失。鳃孔5个，椎体环型或多环型。吻软骨1个。主要分布于世界各温水、冷水海区或深海。锯鲨目软骨鱼纲板鳃亚纲的1目，本目只有锯鲨科1科2属5种，中国只有1种。扁鲨目软骨鱼纲的1目，本目仅1科扁鲨科，1属扁鲨属约13种。它体平扁；吻很短而宽；胸鳍宽大并向头侧延伸游离如袍袖，因而旧称袖鲛，西方俗称天使鱼或僧鱼；眼上位；口宽大，亚前位；牙上、下颌同型，细长单齿头型；鼻孔前位；鳃孔5个，宽大，延伸至腹面；背鳍2个，无硬棘。须鲨目属于板鳃亚纲，分斑鳍鲨科、长须鲨科、须鲨科、长尾须鲨科、铰口须鲨科、豹纹鲨科和鲸鲨科。

和多数动物一样，鲨鱼是有性繁殖。鲨鱼的交配行为非常复杂，不同种类的雄性和雌性鲨鱼在交配前的例行程序也有很大的分别。结伴同游、撕咬和颜色变化等行为模式是共有的。姥鲨等种类的鲨鱼采用复杂的成群环游的行为，而完成受精之后，这一种属鲨鱼的受精卵就会以下列三种方式中的某一种继续发育，卵生：卵生鲨鱼产下带有厚厚的卵鞘的卵，使它们能够附着在岩石或者海藻上，并抵抗捕食者。卵胎生（非胎盘型胎生）：此类鲨鱼也养护体内的胚胎，然后产出活的幼仔，但它们不能向它们的后代提供任何直接的营养。胎生（胎盘型胎生）：外包角质壳的受精卵于子宫中发育，成长所需的营养由卵黄囊胎盘提供，它们在雌性鲨鱼的

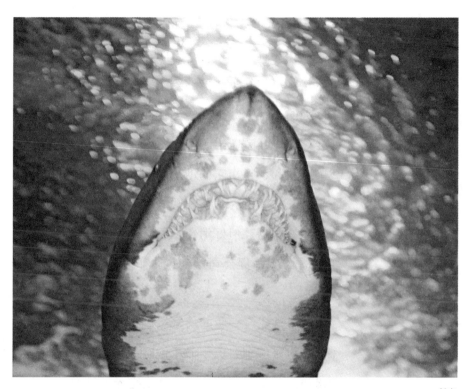

▲鲨鱼

子宫内通过胎盘或一种称为子宫液的分泌物吸取营养物质，直到幼鲨几乎完全成形才产出，每次产十尾。

鲨鱼一胎可产10余条鲨仔，最高可达80余条，这些鲨仔在娘胎里竟也互相残杀。

海底霸王蟹——红王蟹

红王蟹的学名叫堪察加石蟹，重量可达10千克，巨大的钳子能一下夹掉人的手指。展开身长1.5米、重达10千克的红王蟹能够给海洋世界里的其他生物带来巨大的灾难。红王蟹的迅猛推进已经促使一些挪威海洋专家呼吁政府给予补贴，以便对红王蟹发动一场"闪电战"，阻止它们迅猛南下。多年来，挪威政府一直忽视水底世界的红王蟹，拿不准应把它们当成资源还是有害物。但好消息是，红王蟹味道鲜美。英国著名的玛莎百货公司就在向人们供应这种红王蟹美食。

红王蟹比起一般的螃蟹体形要大很多，红王蟹的一只腿就足够一名成年男子饱餐一顿。它们在挪威的西部海岸"横冲直撞"，一路上吃光了贝类、鱼卵等所有可以吃的海洋生物。环保人士担心，红王蟹可能最终会给当地以及西班牙和葡萄牙的海洋环境带来毁灭性的打击。

不知什么原因，近年来红王蟹数量猛增，成为北方海域的海底一霸。红王蟹成群结队，疯狂吞食蛤和各种贝类动物，也吃海藻、死鱼和鱼卵。过去，挪威潜水员一把能抓起许多蛤，如今蟹过之处只剩下累累空壳，成为水底沙漠。世界环保组织的专家呼吁人们重视这件事，请有关国家采取措施保护海洋生物和环境。这件事又给人们上了一课：不要随意引进外来物种，因为没有天敌的外源种会造成环境灾难。

科学家们担心，它们最远可达位于欧洲伊比利亚半岛南端的直布罗陀。世界自然保护基金会在挪威首都奥斯陆的专家表示，这种动物没有天敌，而且是巴伦支海的外源种，这是其数量爆炸性增长的原因。一些科学家说，它们将待在北方，因为它们喜欢那里的温度。但是其他科学家认为，它们最南可能到达直布罗陀。

带剑的武士——剑鱼

剑鱼又称剑旗鱼、青箭鱼，是一种大型的掠食性鱼类，也是剑旗鱼科剑旗鱼属的唯一一个物种。它的吻部长而尖，占鱼全长的1/3。剑鱼以乌贼和鱼类为食，虽然剑鱼体型庞大，但其游速可达每小时100千米，是海中游速最高的鱼类之一。

剑鱼分布于印度洋、大西洋和太平洋，大西洋西部的美洲岸是箭鱼的主要产地。在中国，箭鱼活动于东海、台湾海峡至南海辽阔外海，渔民在这些海域均有捕获。

剑鱼的上颌又尖又长，像一把锋利的宝剑，直伸向前。它的身体呈棱形，背部深褐色，腹部银灰色，长4～5米，最长可达6米，体重约300千克，为大型凶猛鱼类之一。剑鱼常常活跃在上中水层，游动时，常将头和背鳍露出水面，用宝剑般的上颌劈水前进，速度很快，每小时可达119千米，为一般火车速度的两倍左右。它还可以潜入水中500～800米深处，追捕鱼群和其他水生动物。捕食时，猛力冲击鱼群，用"宝剑"刺杀，然后吞食。

剑鱼虽凶猛，但生性胆怯，怕惊，常常避开其他大型鱼类。不过一旦被激怒，却向大型鱼类或船只猛烈冲去。据说在国外某沿海博物馆里，至今尚陈列着一块小船的木板，里面有折断的箭鱼的颌骨。旗鱼体长3～4米，全身蓝色，无光泽，有小白斑点。海上霸王——鲸也常常是它的手下败将。在追捕鱼群时，将背鳍收藏在背部纵沟内，所以游速很高，每小时可达百余千米，仅次于剑鱼，当它需要降低速度时，就将旗展开，增加阻力，当露出水面时，像渔船驶帆一样，因此又有"帆鱼"之称。

剑鱼体长达3米，质量可达900千克，上颌呈剑状突出。吻长似箭，体粗壮，纺锤形，背腹面钝圆。尾柄粗强，平扁，每侧具一发达的隆起。头大。吻由前颌及鼻骨组成，向前延伸，如箭状，平扁，眼大，上侧位，眼间隔宽平。口裂大，下颌较短。成鱼无牙（幼鱼有细牙），鄂骨和舌上无齿。前鳃盖骨边缘无锯齿（幼鱼具齿）。成鱼皮裸露，无鳞表皮粗糙，侧线不明显，背鳍两个。第一背鳍前部高，呈三角帆状，自14鳍条后的各鳍条甚短，纳于背沟中，不外露。第二背鳍短小而低，位于尾柄部，臀鳍两个，第一臀鳍较大，位于体的后部，第二臀与第二背鳍同形相对。头及体背为蓝紫色，腹部淡黑色，无斑纹。各鳍暗蓝色，具银色光辉。

剑鱼成鱼体长可达5米，体重超过400千克。剑鱼的年龄、生长情况尚不清楚。生殖群体中个体最小的体长为1.39米，体长 0.5～2.8米。体长小于1.3米的鱼体为未成熟个体，据计算，西太平洋剑鱼体长的年平均增长量是25厘米。雌雄性比大致相等。几乎每年都进行产卵，北半球以3～7月为主，南半球则以1月为主。剑鱼产浮性卵，卵径1.63～1.68毫米，单油球，直径0.40毫米。在水温22.5～25.2℃时，约70小时进行卵化，剑鱼营主动摄食，以小型浮游动物为食，体长超过100毫米时追食浮游动物和其他鱼类的椎鱼，成鱼则以鲐鱼、颌针鱼等中上层鱼类和头足类以及鳕、鲆鲽类、灯笼鱼等深海鱼类为食。

剑鱼在海洋中可算是游泳冠军了，游泳时的平均速度可达28米／秒，

▲红剑鱼

连最快的轮船都望尘莫及。剑鱼性情凶猛。当剑鱼追逐鱼群时，挺着它能够穿透钢板的"利剑"快速地横冲直撞，被撞到者不死即伤，然后被它慢慢吞食掉。

剑鱼可以吃，但孕妇、哺乳期妇女、婴幼儿不宜食用，剑鱼等食肉鱼因处于食物链末端，易于集中一种叫做甲基汞的污染物质。该物质会自然地或偶发性地出现在环境中。尽管甲基汞会随环境的变化而变化，但在食肉鱼体内含量相对较高。低龄婴幼儿的中枢神经系统会对这种汞的衍生物表现出特定的中毒反应。

大王乌贼，别称大王鱿、统治者乌贼、大乌贼。大王乌贼身体一般只有6～14米，但最大的大王乌贼能长到21米甚至更长，重达2 000千克。它们的眼睛大得惊人，直径达5厘米左右；吸盘的直径也在8厘米以上。大王乌贼生活在深海，以鱼类为食，能在漆黑的海水中捕捉到猎物。它经常要和潜入深海觅食的抹香鲸进行殊死搏斗，抹香鲸经常被弄得伤痕累累，不过在抹香鲸的胃里曾发现过大王乌贼的残迹。人们还没有见到过待在栖息地的大王乌贼。人们只能通过死亡或受伤后漂浮到海面或被海水冲到岸边的那些大王乌贼了解到这类动物的一些信息。

世界上第二大的乌贼要算大王乌贼了，它们一般生活在大洋深处，白天在深海中休息，晚上游到浅海觅食。一般幼年的大王乌贼体长3～5米，成年的大王乌贼可长达20米。

大王乌贼生活在太平洋、大西洋的深海水域，体长20米左右，重2000～3000千克，是世界上第二大的无脊椎动物。它的性情极为凶猛，以鱼类和无脊椎动物为食，并能与巨鲸搏斗。国外常有大王乌贼与抹香鲸搏斗的报道。据记载，有一次人们目睹了一只大王乌贼用它粗壮的角手和吸盘死死缠住抹香鲸，抹香鲸则拼出全身力气咬住大王乌贼的尾部。两个海中巨兽猛烈翻滚，搅得浊浪冲天，后来又双双沉入水底，不

恐怖大魔王——大王乌贼

知所终。这种搏斗多半是抹香鲸获胜，但也有过大王乌贼用鲁手钳住鲸的鼻孔，使鲸窒息而死的情况。

大王乌贼的主要武器是它的十个"手臂"，上面长满了圆形吸盘，吸盘边缘上有一圈小型锯齿，它可以把抹香鲸的肉吸出来，从而在抹香鲸身上留下很多圆形伤疤（长条形刮痕则是大王酸浆鱿留下的）。最大的大王乌贼能有多大？这个问题不好回答。人们曾测量一只身长17.07米大王乌贼，其角手上的吸盘直径为9.5厘米。但从捕获的抹香鲸身上，曾发现过直径达40厘米以上的吸盘疤痕。

由此推测，与这条鲸搏斗过的大王乌贼可能身长达60米以上。如果真有这么大的大王乌贼，那也就同传说中的挪威海怪相差不远了。但这样大的吸盘疤痕也可能是抹香鲸小时候留下的，后来随抹香鲸长大而逐渐变大的，所以不能确定有这样巨大的乌贼。

大王乌贼生活在深海中。在许多国家的航海文明中都有海妖的传说，如克莱根。它们的长相和乌贼都十分相似。现代人们对大王乌贼也有一些支离破碎的认识。有些海员在海上值夜班的时候，曾经看到乌贼长达20多米的触手在甲板上横扫，那些能够被捉到的物体被统统卷到海里，第二天，人们发现被几排牙齿咬穿的铁桶挂在船舷上。

19世纪以来，随着现代动物学的发展，过于荒诞的海怪传说逐渐消失。但还有一些报道，值得我们注意：1861年11月，法国军舰"阿力顿号"从西班牙的加地斯开往腾纳立夫岛途中，遇到一只有5～6米长，长着两米长触手的海上怪物。船长希耶尔后来写道："我认为那就是曾引起不少争论的、许多人认为虚构的大章鱼。"希耶尔和船员们用鱼叉把它叉中，又用绳套住它的尾部。但怪物疯狂地乱舞角手，把鱼叉弄断逃去。绳

索上只留下重约18千克的一块
肉。

1946年12月发生一件有趣
的事，海轮"布伦斯维克"油
船，长150米，载重15 000吨，
在夏威夷岛和萨摩亚岛之间受
到大王乌贼的袭击。20多米长
的大王乌贼突然从深水中穿出
水面，很快追上了时速19千米

▲大王乌贼

的油船。当它与海轮并游了一会儿以后，闪电般地划了一个半圆，从前面
绕过轮船窜到右侧，急速向船冲去，攀住船舷，用力猛击外壳板，显然大
王乌贼是试图抓住光滑船壳的金属表面。但不幸的是它的身子不断向船尾
滑去，终于碰在螺旋桨上，受到了致命的打击。

1978年11月2日，加拿大纽芬兰3个渔民在海滩上发现一只因退潮而搁
浅的巨大海洋动物，渔民们说，它身长足有7米，有的角手长达11米，触
手上的吸盘直径达10厘米，眼睛足有脸盘大。渔民们用钩子钩住它，怪物
挣扎了一会儿，不久就死去了。

2003年1月18日，大王乌贼惊现葡萄牙沿岸海域，缠绕在正参加朱尔
斯·弗恩环球帆船大奖赛的比赛船只上，着实让船上的法国船员心惊胆战
了一场。不过有惊无险，大王乌贼自动退缩，放了船员一条生路。19世纪
70年代，几次发生大王乌贼的残骸在加拿大海滨被冲上岸的情况，其中最
少有一次还是活的，借助这些实体，人们终于了解了大王乌贼的一些情
况。

冷血长臂手——北极霞水母

北极霞水母是一种低等的腔肠动物，在分类学上隶属于腔肠动物门、钵水母纲。水母的种类很多，全世界大约有250种，直径在10～100厘米之间，常见于各地的海洋中。人们往往根据它们的伞状体的不同来分类：有的伞状体发银光，叫银水母；有的伞状体像和尚的帽子，就叫僧帽水母；有的伞状体仿佛是船上的白帆，叫帆水母；有的宛如雨伞，叫做雨伞水母；有的伞状体上闪耀着彩霞的光芒，叫做霞水母，它们的寿命大多只有几个星期，也有活到一年左右，有些深海的水母可活得更长些。

普通水母的伞状体不很大，只有20～30厘米长，但体型较大的霞水母的巨伞直径可达2米，下垂的触手长达20～30米。1865年，在美国马萨诸塞州海岸，有一只霞水母被海浪冲上了岸，它的伞部直径为2.28米，触手长36米。把这个水母的触手拉开，从一条触手尖端到另一条触手的尖端，竟有74米长。因此，可以说霞水母是世界最长的动物了。最大的霞水母是分布在大西洋里的北极霞水母，它的伞盖直径可达2.5米，伞盖下缘有8组触手，每组有150根左右。每根触手伸长达40多米，而且能在1秒中收缩到只有原来长度的1/10。

北极霞水母触手上有刺细胞，能翻出刺丝放射毒素。当所有的触手伸展开时，就像布下了一个天罗地网，网罩面积可达500平方米，任何凶猛的动物一旦投入罗网，必将束手就擒。霞水母的罗网纵然厉害，但对小小的牧鱼却奈何不得。牧鱼体长不过7厘米，能在霞水母的触手中间穿梭自如，把它当成了很好的避难所。牧鱼常把一些不大的食肉动物诱到主人布下的罗网中，自己则巧妙地避过毒丝，钻入巨伞下，逃脱攻击。与此同时，霞水母乘机收网捕鱼，美餐一顿，而水母鱼也因引诱敌人有功而得到主人的赏赐，吃一些琐碎食物。霞水母和牧鱼一起生活，互惠互利。水母保护了牧鱼的生命安全，而牧鱼则帮它诱敌，并为它清除身上的微生物。

霞水母内伞有8束纵辐位"U"字形排列的触手，并有环肌束，共有7种。生活于温带和热带海洋，尤以山东半岛沿岸较为普遍。北极霞水母是世界上最大的水母，伞径达2米以上，触手长30米。中国沿海常见的霞水母直径常达50厘米。此种水母除大量捕食具有经济价值的幼鱼、虾、蟹、软体动物的幼虫之外，还常在8～9月期间，成群漂浮于沿海海面和港湾中，致使拖网困难，严重影响鱼的捕获量。成群的霞水母还会驱散鱼群，为渔业的一害。

霞水母身体的主要成分是水，并由内外两胚层所组成，两层间有一个很厚的中胶层，不但透明，而且有漂浮作用。它们在运动之时，利用体内喷水反射前进，远远望去，就好像一顶圆伞在水中迅速漂游。当水母在海上成群出没的时候，紧密地生活在一起像一个整体似的深浮在海面上，显得十分壮观。海涛如雪，蔚蓝的海面点缀着许多优美的伞状体，闪耀着微弱的淡绿色或蓝紫色光芒，有的还带有彩虹般的光晕，许多水母都能发光。细长的触手向四周伸展开来，跟着一起漂动，色彩和游泳姿态美丽极了。水母的伞状体内有一种特别的腺，可以发出一氧化碳，使伞状体膨胀。而当水母遇到敌害或者在遇到大风暴的时候，就会自动将气放掉，沉入海底。海面平静后，它只需几分钟就可以生产出气体让自己膨胀并漂浮起来。栉水母在海中游动时，8条子午管可以发射出蓝色的光，发光时栉水母就变成了一个光彩夺目的彩球。带水母的周围和中间部分，分布着几条平行的光带，当它游动的时候，光带随波摇曳，非常优美。水母发光靠的是一种叫埃奎明的奇妙的蛋白质，这种蛋白质和钙离子相混合的时候，就会发出强蓝光来。埃奎明的量在水母体内越多，发的光就越强，每只水母平均只含有50微克的这种物质。

霞水母虽然长相美丽温顺，其实十分凶猛。在伞状体的下面，那些细长的触手是它的消化器官，也是它的武器。在触手的上面布满了刺细胞，像毒丝一样，能够射出毒液，猎物被刺螫以后，会迅速麻痹而死。触手就将这些猎物紧紧抓住，缩回来，用伞状体下面的息肉吸住，每一个息肉都能够分泌出酵素，迅速将猎物体内的蛋白质分解。因为水母没有呼吸器官与循环系统，只有原始的消化器官，所以捕获的食物立即在腔肠内消化吸收。在炎热的夏天里，当我们在海边弄潮游泳时，有时会突然感到身体的前胸、后背或四肢一阵刺痛，有如被皮鞭抽打的感觉，那准又是水母作怪在刺人了。不过，一般被水母刺到，只会感到灸痛并出现红肿，只要涂抹消炎药或食用醋，过几天即能消肿止痛。但是在马来西亚至澳大利亚一带的海面上，有两种分别叫做海蜂水母和曳手水母的，其分泌的毒性很强，如果被它们刺到的话，在几分钟之内就会因呼吸困难而死亡，因此它们又被称为"杀手水母"。所以当被水母刺伤，发生呼吸困难的现象时，应立即实施人工呼吸或注射强心剂，千万不可大意，以免发生意外。

那么水母触手上的刺细胞为什么不伤害小牧鱼呢？这是因为小牧鱼

行动灵活，能够巧妙地避开毒丝，不易受到伤害，只是偶然也有不慎死于毒丝下的。水母和小牧鱼共生一起，相互为用，水母"保护"了小牧鱼，而小牧鱼又吞掉了水母身上栖息的小生物。威猛而致命的水母也有天敌，一种海龟就可以在水母的群体中自由穿梭，轻而易举地用嘴扯断它们的触须，使其只能上下翻滚，最后失去抵抗能力，成为海龟的一顿"美餐"。霞水母触手中间的细柄上有一个小球，里面有一粒小小的听石，这是水母的"耳朵"。由海浪和空气摩擦而产生的次声波冲击听石，刺激着周围的神经感受器，使水母在风暴来临之前的十几个小时就能够得到信息，于是，它们就好像是接到了命令似的，从海面一下子全部消失了。科学家们曾经模拟水母的声波发送器官做试验，结果发现能在15小时之前测知海洋风暴的讯息。

霞水母虽然是低等的腔肠动物，却三代同堂，令人羡慕。水母生出小水母，小水母虽能独立生存，但亲子之间似乎感情深厚，不忍分离，因此小水母都依附在水母身体上。不久之后，小水母生出孙子辈的水母，依然紧密联系在一起。

水母中有一种最大的水母——北极霞水母，最大的水母是分布在大西洋西北部海域的北极大水母。1870年，一只北极大水母被冲进美国马萨诸塞海湾，它的伞状体直径为2.28米，触手长达36.5米。而最小的水母全长只有12毫米。栉水母在海中游动时，会发出蓝色的光，发光时栉水母就变成了一个光彩夺目的彩球；当它游动的时候，光带随波摇曳，非常优美。目前生物学家正在进行一种实验，把水母身上的发光基因移植到其他鱼类的体内。

海底暗杀者——尖牙鱼

尖牙鱼又叫食人魔鱼，它大小约15.2厘米，栖息于热带和温带海洋。栖息深度达4 877米。命名尖牙鱼，因牙大而得名，属于金眼鲷目，中文名也叫角高体金眼鲷。样子看起来深具威胁性，可怕的外表让它得到"食人魔鱼"这样恐怖的英文名字。尽管有凶猛的外表，但它们其实对人类的危害很小甚至没有。它们能长到15厘米左右，和其他鱼的大小差不多，但相对自身身体来说，它们有最大的牙齿。

尖牙鱼栖息在大洋中特别深的地方，尽管它们最常栖息的深度是500～2000米，但深到5000米处的深渊带中部都是它们恐怖的家，此处的水压大得可怕，而温度又接近冰点。这里食物缺乏，所以这些鱼见到什么就吃什么，它们多数的食品可能是从上面几层海洋落下的。

尽管这种鱼并不怕冷，但是它们分布在热带和温带海洋的深处，因为那里才有更多的食品从上面落下。尖牙的成年鱼和幼鱼看起来差别很大，幼鱼的头骨长，而且是浅灰色，而成年鱼却是大头大嘴，颜色从深棕色到黑色。幼鱼直到长到8厘米才开始像成年鱼的样子。幼鱼吃甲壳动物，而成年鱼吃鱼。

尖牙鱼是又一种长着骇人脸庞的深海暗杀者，同时也是海底最深处的居民之一，它们被发现生活在海底5千米以下的黑暗环境里。它因牙大而得名，它脑袋上左右两颗最大的牙齿简直太大了，以至于造物神不得不在其微型的脑子左右两侧各留出一个"插槽"，以便其大嘴能够合上。相对于其体型来说，它的牙齿可能是海洋鱼类中最大的，因此有些体型比它们庞大的鱼类也成了其盘中餐。

钻腹大凶徒——盲鳗

盲鳗是一种没有颌的原始动物，全长近1米。它们一般在海面以下100米深的地方生活，以小型甲壳类动物及多种鱼类为食。盲鳗和七鳃鳗有亲缘关系，但与七鳃鳗不同的是盲鳗不会攻击活鱼。有时候它们会钻进大鱼的尸体内，将尸体内的肉全部吃掉，只剩下外面的皮和鱼骨。

盲鳗俗称钻腹鱼，盲鳗属圆口类动物，雌雄同体。在交配时它先充当雄体，一段时间以后，又充当雌体。受精卵不经变态可直接发育成小鳗。盲鳗是一种远古鱼类，一般生活在海面100米以下，身体白色，牙齿黄色，它的样子看起来很奇怪。盲鳗只吃小型甲壳动物和多种鱼类的干尸，盲鳗的牙齿像一排排梳子，盲鳗以鱼为食，常由鱼的鳃部钻入鱼体内，吸食血肉及内脏，最后鱼被吃成只剩下骨架和空的皮囊，是渔业上的一大害。无口漏斗，口在最前端围以软唇，有4对口须。鳃囊6对，多数种类外鳃裂不直接通体外，而通入一长管，以一共同的开口通体外。眼退化隐于皮下，不具晶体，故名盲鳗。生殖腺单个，雌雄同体，但在生理功能上两性仍是分开的，在盲鳗幼体中，生殖腺的前部是卵巢，后部为精巢，如前端发达后端退化，则为雌性；反之，则为雄性。盲鳗分布于印度洋、太平洋及大西洋的温带及亚热带水域，常见的种类有大西洋盲鳗，分布于大西洋沿岸海中，中国产的蒲氏粘盲鳗，外鳃孔6对，分布于东海、黄海等海域。

盲鳗是在真正的鱼类出现后才形成的。它主要生活在堪察加半岛海域，是世界上唯一用鼻子呼吸的鱼类。盲鳗虽然也被一层皮膜遮住了双眼，但是这种鱼不只在头部有感受器，它的全身也长满了超感觉细胞，能比较正确地判定方向、分辨物体。它还能钻进大型鱼类的体内，并且能把鱼的内脏吞食掉，然后再凭着感受器钻出鱼体，有时它还钻进渔网捕食网中的鱼，而当渔民起网时，它又能迅速从网中逃走。这种鱼的耐饥能力很强，半年不进食也不至饿死。盲鳗有4个心脏，至于为什么它能有这么多心脏，至今还是个谜。盲鳗还能分泌出一种特殊的黏液，可将四周海水粘成一团，在敌害遇到这种黏液迷茫之时，盲鳗早已逃之夭夭。盲鳗一般以微小的甲壳动物或浮游生物为主要食物。

盲鳗身体像河鳗，但头部无上下颌，口如吸盘，生着锐利的角质齿。鳃呈囊状，内鳃孔与咽直接相连，外鳃孔在离口很远的后面向外开口，使身体前部深入寄主组织而不影响呼吸。盲鳗凭借吸盘吸附在大鱼身上，然后寻机从鳃钻入鱼腹。由于长期在鱼体内过着寄生生活，眼睛已退化藏于皮下。它的嗅觉和口端4对触须的触觉非常灵敏，能迅速感知大鱼的到来。盲鳗口的周缘有3～4对触须，先在大鱼身上咬个洞，或从大鱼的鳃孔直接钻进大鱼腹中，先吃内脏后吃肉，吃得大鱼只剩下皮和骨头。人们曾在一条雪鱼体内发现竟有123条盲鳗，人们称其为"鱼盗贼"。

鲨鱼是海中的霸王。作为最凶猛的鱼类，鲨鱼在海底世界所向披靡，其他鱼儿闻风丧胆，落荒而逃。霸王的权威是不容挑战的，那些无论在体积上，还是在凶残上，或者仅仅在牙齿上都无法与其匹敌的其他鱼类，都只有俯首称臣的份儿。

盲鳗，无疑是有勇有谋的行刺者。盲鳗细长的体形似鳗，通常也只有鳗鱼一般大小，在形体上便输了鲨鱼一筹。盲鳗无法寄希望于采用什么新式的高精尖武器，只能依靠智慧和特长，采取"曲线救国"的策略。

盲鳗的口像个椭圆形的吸盘，里面镶着锐利的牙齿。当盲鳗用吸盘似的嘴吸附在鲨鱼身上时，这位残暴的君王并没有意识到危险已至。这可能出于下面两种原因：首先，盲鳗的吸附举动很容易被理解成谄媚，如此紧密而持久的亲吻还能有别的解释吗？特别是对于习惯于君临天下、俯视群臣的鲨鱼来说，它怎么会理解这小小的依附者竟敢怀有野心呢？其次，吸附的盲鳗紧贴在鲨鱼身上，随它四处游弋，时间一长，鲨鱼再狡猾也会渐渐放松警惕，"它不过是在狐假虎威，分一点残杯冷羹"，鲨鱼甚至可能这样自以为是地想。对于一个从没有其他鱼敢对之挑战的暴君，这样的思维实在极其正常，而盲鳗正是利用了这一点，将鲨鱼置于死地。

吸附在鲨鱼身上的盲鳗开始一点点向霸王的鳃边滑动，鲨鱼甚至会以为此乃更进一步的谄媚，而这时，盲鳗已经悄悄地从鳃伸入它的体内。鲨鱼应该觉得有点儿不对劲儿了，但为时已晚，盲鳗得到它的依赖和纵容，直入它的腹腔。"会不会有什么危险呢？"鲨鱼想，但也仅是想想而已，因为盲鳗一直是依附于自己的宠臣。此时，盲鳗深居霸王的体内，成了名副其实的"心腹"。"吻"了这个暴君那么久，还不应该成为心腹吗？成为心腹之后，盲鳗却要实施自己真正的计划了。这个无法面对面与鲨鱼抗衡的小动物，此时可以在暴君的腹内兴风作浪。它开始大举吞食鲨鱼的内脏和肌肉，食量很大，每小时吞吃的东西相当于自己体重的两倍。一边吃，盲鳗一边排泄。它怡然自得，鲨鱼却承受不住了，后院起火，"火"来自内部，尤为难熬，鲨鱼痛苦地翻腾却无法摆脱那两排已深入体内的利齿。小鱼吃大鱼不再是奇迹，面对面的劲敌好抵御，心腹之患最是难防。

盲鳗具有通经活络、清肝明目、养血濡目的功效。主治口角歪斜、肢体麻木、半身不遂、目赤肿痛、夜盲症。性味归经：辛、甘、凉，入肝、肾经。

盲鳗属于海鳗的一种，海鳗中含有丰富的蛋白质、钙、磷、维生素等营养成分，且含有较多的不饱和脂肪酸，尤其是对胎儿大脑发育极为有利的DHA。鳗鱼富含多种营养成分，具有补虚养血、祛湿、抗疲劳等功效，是久病、虚弱、贫血、肺结核等病人的良好营养品；鳗体内含有一种很稀有的西河洛克蛋白，具有良好的强精壮肾的功效，是年轻夫妇、中老年人的保健食品；鳗是富含钙质的水产品，经常食用，能使血钙值有所增加，使身体强壮；鳗的肝脏含有丰富的维生素A，是夜盲症病人的优良食品。

附骨刮肉者——七鳃鳗

七鳃鳗,又名八目鳗,它的特点是嘴呈圆筒形,没有上下腭,口内有锋利的牙齿。七鳃鳗是一种奇怪的动物:它通过啃咬的方式进入动物尸体中进食,甚至可以在其中呆上33天之久。

七鳃鳗体形似鳗,无鳞,长15～100厘米,有眼,背鳍1～2,尾鳍存在;单鼻孔,位于头顶;体两侧各具7个鳃孔。七鳃鳗无真骨及腭,亦无偶鳍。骨骼均为软骨。口圆,呈吸盘状,有角质齿。七鳃鳗幼体称为沙栖鳗或沙隐虫,生活于淡水中,在水底挖穴而居;无牙,眼不发达,以微生物为食。数年后变为成体,游入海中,开始寄生生活。它到生殖期复返淡水,筑巢,产卵而死亡。并非所有七鳃鳗都需要到海中生活,有些陆生种类终生留在淡水中。

七鳃鳗身体细长,呈鳗形,表皮裸露无鳞,背上有一条长长的背鳍,向后一直延伸到尾端并环绕尾部形成尾鳍,除此之外它的身上再也没有其他的鳍存在。口漏斗发达,无口须。七鳃鳗只有一个鼻孔,位于头顶两眼之间。眼发达,松果眼,具感光作用。它的眼睛后面身体两侧各有7个鳃孔,这就是它叫做"七鳃鳗"的原因。内耳有两个半规管。鼻垂体囊的末端是盲囊。雌雄异体,发育要经过较长的幼体期,经变态为成体。

七鳃鳗是一种圆口纲的鱼类。没有颌,里面长满了锋利的牙齿，这是古代鱼祖先所具有的特征之一。鳃在里面呈袋形的原始状态，鳃穴左右各7个，排列在眼睛后面。口呈漏斗状，内分布着一圈一圈的牙齿，为圆形的吸盘，能吸住大鱼。舌也附有牙齿。口吸住猎物时，咬进去刮肉并吸血。身体没有鳞片，包着一层黏黏的液体。海七鳃鳗体长70厘米；七鳃鳗体长15～19厘米。

七鳃鳗部分时期栖息于海中，成长后游至淡水河流中产卵，为洄游性鱼类。七鳃鳗分布于中国东北的黑龙江、乌苏里江、图们江、松花江等河流中。

雄性见有雌性经过，一下吸住其鳃穴，并勒紧雌体。雌性则吸住旁边的岩石。产卵后，雌性和雄性都会死去。其幼体被称为"沙隐虫"，生活方式和身体结构与文昌鱼高度相似。七鳃鳗只在河川繁殖。已知的七鳃鳗有30多种，分别在初夏到秋天产卵，水温约25℃，12天左右孵化。这时的幼体没有眼睛也没有吸盘，平时都潜进河底泥土中，顺流伸出口，以吃浮游生物或泥土中的有机物为生。这即所谓沙腔鳗的幼生时期。3～5年后长出眼睛和吸盘。到海洋中生活的即所谓降海型七鳃鳗以吸刮鲑、鲭、鳕等的血肉为生，数年后再回到河川上来，产卵后生命即告结束。至于一生都在河川生活的陆地型，在变态后的翌年春天产卵后也会死亡。

七鳃鳗大部分时期栖息于海中，成长后游至淡水河流中产卵，为洄游性鱼类。七鳃鳗为典型的洄游性鱼类，部分时期在海中生活。秋季由海进入江河，在江河下游越冬，翌年5～6月，当水温达15℃左右时溯至上游繁殖。七鳃鳗选择水浅、流快、砂砾底的水域进行挖坑筑巢产卵，雄鱼以吸盘吸着雌鱼头部，同时排卵、授精。卵极小，每次产卵8万～10万粒，卵粘在巢中砂砾上。

产卵后亲鱼全部死亡，卵孵化后不久即成为仔鳗。仔鳗在泥沙中生活，白天埋藏在泥沙下边，夜晚出来摄食。此阶段的仔鱼与成鱼很像，口吸盘不发达，呈三角形，称为沙隐幼鱼，过自由生活。七鳃鳗的寿命约为7年，幼鱼在江河里生活4年后，第5年变态下海，在海水中生活两年后又溯江进行产卵洄游。

七鳃鳗为肉食性鱼类，既营独立生活，又营寄生生活，经常用吸盘附在其他鱼体上，用吸盘内和舌上的角质齿锉破鱼体，有时被吸食的鱼最后只剩骨架。营独立生活时，则以浮游动物为食。仔鳗期以腐殖碎片和丝状藻类为食。生殖时期的成鱼停止摄食。

七鳃鳗肉中维生素A的含量较一般鱼类为高，每克含99～980国际单位（平均300国际单位）。其次，在肝、肾、生殖腺及大肠中也含有，特别在睾丸与小肠中的含量更高。在鱼皮中维生素B_1与维生素B_{12}的含量远较其他鱼类高，腹皮中的含量比背皮高。

七鳃鳗已经进化出一种具有类似吸血功能的"电动小圆锯"。科学家将这种动物归类为无颚纲鱼类，但你千万不要被这种定义所欺骗。它们虽然属于无颚纲，但它们有其他的弥补方式，也就是拥有一个大大的、圆形的嘴巴，嘴巴内有一圈锋利的牙齿。七鳃鳗最长可以长到100厘米。当七鳃鳗用口盘叮住一条鱼时，它就开始紧紧地咬住对方，咬穿皮肉后吸食其中的血液。当然，并不是所有七鳃鳗都是食肉性动物，也很少发现它们会对人类发起攻击。

带鱼又叫刀鱼、牙带鱼，是鱼纲鲈形目带鱼科动物。带鱼的体形正如其名，侧扁如带，呈银灰色，背鳍及胸鳍浅灰色，带有很细小的斑点，尾巴为黑色。带鱼头尖口大，到尾部逐渐变细，好像一根细鞭，头长为身长的2倍，全长1米左右。1996年3月中旬浙江有一渔民曾捕到一条长2.1米、重7.8千克的特大个体，这条"带鱼王"后来被温岭市石塘镇小学的生物博物馆收藏。带鱼分布比较广，以西太平洋和印度洋最多，中国沿海各省均可见到，其中又以东海产量最高。

带鱼是一种比较凶猛的肉食性鱼类，牙齿发达且尖利，背鳍很长、胸鳍小，鳞片退化，它游动时不用鳍划水，而是通过摆动身躯来向前运动，行动十分自如。既可前进，又可以上下窜动，动作十分敏捷，经常捕食毛虾、乌贼及其他鱼类。带鱼食性很杂而且非常贪吃，有时会同类相残，渔民用钩钓带鱼时，经常见到这样的情景，钩上钓一条带鱼，这条带鱼的尾巴被另一条带鱼咬住，有时一条咬一条，一提一大串。用网捕时，网内的带鱼常常被网外的带鱼咬住尾巴，这些没有入网的家伙因贪嘴最终也被渔民抓了上来。据说由于带鱼互相残杀和人类的捕捞，若在带鱼中能见到寿命超过4岁的老带鱼，就算是见到寿星了。带鱼只能活到8岁左右，不过带鱼的贪吃也有一个优点，那就是生长的速度快，1龄鱼的平均身长18～19厘米，重

六亲不认鱼——带鱼

90～110克，当年即可繁殖后代，2龄鱼可长到300克左右。

带鱼的身体为带状，为浑身银白的海洋肉食鱼，是一种十分凶猛的鱼类。带鱼的游泳能力差，白天浮在海水中层，晚上就降到海底。静止时头向上、身体垂直，只靠背鳍及胸鳍的挥动，眼睛注视头上的动静，若发现猎物时，背鳍就急速震动，身体弯曲，扑向食物。

带鱼属于洄游性鱼类，有昼夜垂直移动的习惯，白天群栖息于中、下水层，晚间上升到表层活动。中国沿海的带鱼可以分为南、北两大类，北方带鱼个体较南方带鱼大，它们在黄海南部越冬，春天游向渤海，形成春季鱼汛；秋天结群返回越冬地形成秋季鱼汛；南方带鱼每年沿东海西部边缘随季节不同作南北向移动，春季向北作生殖洄游，冬季向南作越冬洄游，故东海带鱼有春汛和冬汛之分。带鱼的产卵期很长，一般以4～6月为主，其次是9～11月，一次产卵量在2.5万～3.5万粒之间，产卵最适宜的水温为17～23℃。

带鱼是中国沿海产量最高的一种经济鱼类，20世纪70年代年产量一般在50万吨左右，20世纪90年代上升到110多万吨，后来产量不断下降，不过比大、小黄鱼要好一些，尚能形成鱼汛，近几年经过禁渔和开展保护渔业资源方面的宣传教育，比较好地控制了过度捕捞，使带鱼生产保持在一个相对稳定的水平上。

带鱼肉嫩体肥、味道鲜美，只有中间一条大骨，无其他细刺，食用方便，是人们比较喜欢食用的一种海洋鱼类，具有很高的营养价值，对病后体虚、产后乳汁不足和外伤出血等症具有一定的补益作用。

每100克带鱼肉中，蛋白质含19克，脂质含7.4克，其他营养成分未见特色。带鱼的鱼鳞中还含有多种不饱和脂肪酸、纤维性物质（硬蛋白

▲带鱼

中）、6-硫代鸟嘌呤等有效成分。科学家发现，饲以带鱼鳞油的大白鼠，可以降低血脂胆固醇且毛长得很好。

带鱼的脂肪含量高于一般鱼类，且多为不饱和脂肪酸，这种脂肪酸的碳链较长，具有降低胆固醇的作用；带鱼全身的鳞和银白色油脂层中还含有一种抗癌成分6-硫代鸟嘌呤，对辅助治疗白血病、胃癌、淋巴肿瘤等有益；经常食用带鱼，具有补益五脏的功效；带鱼含有丰富的镁元素，对心血管系统有很好的保护作用，有利于预防高血压、心肌梗死等心血管疾病。常吃带鱼还有养肝补血、泽肤养发、健美等功效。

带鱼适宜久病体虚、血虚头晕、气短乏力、营养不良的人食用；适宜皮肤干燥的人食用；带鱼属于发物，凡患有疥疮、湿疹等皮肤病或皮肤过敏者忌食；癌症患者及患红斑狼疮的人忌食；痈疖疔毒和淋巴结核、支气管哮喘者亦忌之。

带鱼的质量优劣，可以从以下几个方面鉴别：

体表：质量好的带鱼，体表富有光泽，全身鳞全，鳞不易脱落，翅全，无破肚和断头现象。质量差的带鱼，体表光泽较差，鳞容易脱落，全身仅有少数银磷，鱼身变为香灰色，有破肚和断头现象。

鱼眼：质量好的带鱼，眼球饱满，角膜透明。质量差的带鱼，眼球稍陷缩，角膜稍混浊。

肌肉：质量好的带鱼，肌肉厚实，富有弹性。质量差的带鱼，肌肉松软，弹性差。

重量：质量好的带鱼，每条重量在0.5千克以上。质量差的带鱼，每条重量约0.25千克。

带鱼在海洋鱼类中，是体型不大的一种小型鱼类，但它的性情却非常凶猛，它对生活在周围海洋中的其他生物，总是不分青红皂白地胡乱吞食撕咬不放，一直吃到大腹便便方肯罢休。丧命其腹中的小鱼和虾类，有好几十种。

远古海洋的无敌动物

　　神奇的蓝色世界，曾被一群"海怪"所占据着，时光推移，它们已逐渐灭绝。随着现代科学技术的发展，古生物学家将发掘的史前动物化石展现在人们面前，激发了人们对史前动物的关注，人们发现很多今天已经绝迹的动物，堪称当时的海洋霸主。生物学家通过研究远古化石的结构，复原出了一个个生活在远古时代海洋里的无敌动物和解答了许多人类未解之谜。

寒武纪王者——加拿大奇虾

奇虾又名古怪的虾，是一种于中国、美国、加拿大、波兰及澳大利亚的寒武纪沉积岩均有发现的古生物。它是已知最庞大的寒武纪动物。根据推测，此类动物极有可能是活跃的肉食性动物。奇虾是一类已经灭绝的大型无脊椎动物，化石表明这种动物口器有十几排牙齿，直径有25厘米，粪便化石长10厘米，粗5厘米。由此推测，奇虾体长可能超过2米。奇虾最初在加拿大发现，当时只发现一只前爪的化石，被误认为是虾的尾巴。由于它不是虾，所以命名为奇虾。1994年，中国科学家在帽天山发现完整的奇虾化石，纠正了从前的错误，所谓的"尾巴"其实是它的爪子。

5.3亿年前的海洋中，最凶猛的捕食者莫过于奇虾了。它有一对带柄的巨眼，一对分节的用于快速捕捉猎物的巨型前肢，美丽的大尾扇和一对长长的尾叉。它虽不善于行走，但能快速游泳。25厘米直径的巨口可掠食当时任何大型的生物，口中有环状排列的外齿，对那些有矿化外甲保护的动物构成了重大威胁。这是一种攻击能力很强的食肉动物，它的个体最大可达2米以上，而当时其他大多数动物平均只有几毫米到几厘米。这是一种攻击能力很强的食肉动物。

科学家在奇虾粪便化石中发现小型带壳动物的残体，这说明它是寒武纪海洋中的食肉动物，是海洋世界的统治者和食物最终的消费者。奇虾的发现表明，当时海洋确实存在完整的食物链。新的研究发现，奇虾的捕食肢能弯曲，腿能在海底行走，不过它的附肢没有分化，节之间缺少关节。

奇虾的食谱可能包括其他的食肉动物。它那么大的身体，那么大的嘴巴，还有那样一对大的捕捉器官，可以捕食当时最大的活物，绝对不会只吃处于食物链最低位置的生物，因它爪太粗，抓取微小食物反而不是那么容易。没有人会认为，在当时的海洋中奇虾不是"适者"。它可以称得上是海洋中的"巨无霸"，处在食物链的顶端，能够轻而易举地猎获足够的食物，却没有其他生物可以威胁它的生存。

就像在陆地上曾经占统治地位的恐龙一样，奇虾也早已绝灭了。究竟它是在什么时候，因为什么永远从地球上消失的？这是又一个没有解开的谜。奇虾的第一件标本约于121年前发现于著名的加拿大龙王盾壳三叶虫层位。1892年，加拿大著名的古生物学家将其描述为一只没有脑袋、形似虾的节肢动物体躯，它腹部的刺是"虾"的附肢。

直到1981年一位学者发现了奇虾全部身体的化石，这才知道所谓"虾"（触手），所谓"水母"（口），所谓"海参"（躯体），原来都是同一种生物的不同组成部分。到这时，终于能够复原出我们今天所看到的奇虾的形状。现在已经清楚，奇虾具有尖利的口器，体型很大，是一种位于寒武纪生态系统食物链顶端的动物。它的消失原因，据推测很可能是环境的恶化使奇虾的生存受到威胁，外来物种的侵入，使奇虾的食物来源减少而消亡。

奥陶纪王者——巨型鹦鹉螺

4.6亿年前，鹦鹉螺是世界上最大的动物，它长约11米，在奥陶纪的海洋里，鹦鹉螺堪称顶级掠食者，主要以三叶虫、海蝎子等为食，在那个海洋无脊椎动物鼎盛的时代，它以庞大的体型、灵敏的嗅觉和凶猛的嘴喙霸占着整个海洋。

鹦鹉螺的化石种类多达2500种。鹦鹉螺化石也称菊石，这些在古生代高度繁荣的种群，构成了重要的地层指标。地质学家利用这些存在于不同地质年代的化石，可以研究与之相关的动物演化、能源矿产和环境变化，为利用自然、改造自然提供了科学的数据。

鹦鹉螺现有的种类不多，以浮游生物为食。雌体与八腕目的其他种类不同，其背腕具翼状腺质膜，能

▲鹦鹉螺

分泌一个不分室的盘曲的薄壳。壳大，直径达30～40厘米，质脆。卵产在假外壳内并在此孵化为幼体。其他特征与章鱼属同。雄体为雌体1/20大小，无壳。以前认为雄体寄生于雌体壳内。

鹦鹉螺是暖水性动物，是印度洋和太平洋海区特有的种类，在亚热带和热带海域，中国台湾、海南岛和南海诸岛均有发现。它属于底栖动物，平时多在100米的深水底层用腕部缓慢地匍匐而行，也可以利用腕部的分泌物附着在岩石或珊瑚礁上。它们能够靠充气的壳室在水中游泳，或以漏斗喷水的方式"急流勇退"。在暴风雨过后，海上风平浪静的夜晚，鹦鹉螺惬意地浮游在海面上，贝壳向上，壳口向下，头及腕完全舒展。这类动物有夜出性，主要食物为底栖的甲壳类，特别以小蟹为多。

鹦鹉螺可以借由水流不断通过动物体的外套膜，然后经管状肌肉本身以及动物体膨胀软件而喷射往后方推进游行。而鹦鹉螺则更为特化，它的外壳由横断的隔板，分隔出30余个独立的小房室，最后一个（也是最大一间）房室就是动物体居住处。当动物体不断成长，房室也周期性向外侧推进，在外套膜后方则分泌碳酸钙与有机物质，建构起一个崭新的隔板。在隔板中间，贯穿并连通一个细管：得以输送气体（多为氮气）进到各房室之中，这样就像潜水艇似的，掌控着壳室的沉浮与移行。鹦鹉螺通常夜间活跃，日间则在海洋底质上歇息，以触手握在底质岩石上。生活在海洋表层一直到600米深，气体的量必须能够调控，使鹦鹉螺适应不同深度的压力。当动物死亡后，身躯软件脱壳而沉没，外壳则终生漂泊海上。自古，鹦鹉螺就以它令人炫目的美丽让人发出由衷的赞美。

鹦鹉螺雄雌异体，交配时，雄性和雌性头部相对，腹面朝上，将触手交叉，雄性以腹面的肉穗将精子荚附于雌性漏斗后面的触手上，雌性的受精部位在口膜附近。受精后短期内即产卵，仅产几枚至几十枚，但卵较大，为40毫米×10毫米。

鹦鹉螺有着多重迷人的身世。它被古生物学家习称为无脊椎动物中的"拉蒂曼鱼"，一种活化石的代名词。这些具有分隔房室的鹦鹉螺，历经6500万年演化，外形似乎很少变化，这让科学家惊叹不已！而它们的祖先族群多达30多种，却在6500万年前那场大劫难中，与恐龙同遭被扫荡一空灭绝的命运。少数残存的现生鹦鹉螺后裔，栖息在印度洋与大西洋海域，剩下了"庞氏鹦鹉螺""深脐鹦鹉螺""大头鹦鹉螺"以及两个不大确定的种。

鹦鹉螺对揭示大自然演变的奥秘真是功不可没。与大熊猫一样属于国家一级保护动物的有"活化石"之称的鹦鹉螺也在北京海洋馆安家了。这6只鹦鹉螺吸附在水下礁石上，有成年人拳头大小。它们的外表非常美丽，很像一个五颜六色的搪瓷缸。鹦鹉螺的壳薄而轻，呈螺旋形盘卷，壳的表面呈白色或者乳白色。从壳的脐部辐射出红褐色的曲折条纹，很像鹦鹉的头部。饲养员用长镊子夹着鱿鱼肉伸入水下，本来一动不动的鹦鹉螺很快行动起来，通过排出壳室内的水向前推进，像潜水艇一样悬浮在水中，非常神奇！

泥盆纪王者——邓氏鱼

▲邓氏鱼

邓氏鱼是一种活于泥盆纪时代（距今约4.15亿至3.6亿年前）的古生物，身体长8～10米，重量可达4吨，被视为当时最大的海洋猎食者，其主要食粮是有硬壳保护的鱼类及无脊椎动物。邓氏鱼的化石分布在摩洛哥、波兰、比利时、美国。

邓氏鱼看起来像是凶暴的猛兽，强有力的体格加上包裹着甲板的头部，它的体型呈流线型，有点像鲨鱼。强壮的类似于鲨鱼的纺锤形的身躯更接近现代鱼类的体形。头部与颈部覆盖着厚重且坚硬的外骨骼。虽然是肉食性鱼类，但无牙，代替牙的是位于吻部的头甲赘生，如铡刀一般，非常锐利，能切断、粉碎任何东西。这种鱼对它的食物毫不讲究，吃鲨鱼甚至它的同类。且这看起来是邓氏鱼忍受消化不良的结果：

它的化石常和被回吐的、半消化的鱼在一起。邓氏鱼其实是由一种叫做盾皮鱼的鱼类进化而来，之所以叫它盾皮鱼是因为在这种鱼的头部和颈部都覆盖着厚厚的盔甲。邓氏鱼也是地球上出现的第一种颌类脊椎动物。

邓氏鱼是一种史前海洋最凶猛的肉食动物，即使在4亿年后人们看到它的化石仍然会感到敬畏。它非常大，这意味着它可以将鲨鱼撕成两半。英国皇家学会期刊在文章中称，科学家们发现这种海洋鱼类的牙齿撕咬力，超过人类目前所知的其他所有生物。

邓氏鱼缺少真正的牙齿，而以两长条嶙峋的刃片代替，可以咬断和粉碎任何东西。邓氏鱼的口腔机能非常独特，它依靠四个关节活动时产生的力量进行撕咬。这种独特的机能不仅可以产生极大的咬合力，还可以使得邓氏鱼以极快的速度来撕咬猎物。邓氏鱼的咬合力每平方厘米可以达到5300千克。

邓氏鱼生活在较浅的海域，拥有异常旺盛的食欲，使它成为当时最强的食肉动物。古代鲨鱼、鹦鹉螺、菊石，甚至自己的同类，都是它的食谱。拥有如此旺盛食欲的邓氏鱼，却一直经受着消化不良的困扰，在发现的化石周围，经常能发现一些被回吐的、半消化的鱼的残骸。同时，也能发现一些邓氏鱼从胃部反刍出来的不能消化的食物残渣，比如其他盾皮鱼类的头甲和软体动物的碳酸钙质的外壳等。

这种将近10米长的巨兽简直就是魔鬼的化身！只可惜它们昔日的辉煌在今天早已荡然无存了。

秀尼鱼龙这种巨大的动物是三叠纪时期海洋中最大的动物之一，足足有15米长！它有一条像鱼一样的尾巴，可以游动得更快捷。它长而窄的上下颌只在前部长着牙齿。像所有的鱼龙一样，秀尼鱼龙一生都在海洋中度过，以鱼为食。秀尼鱼龙生活在三叠纪晚期的北美洲，是目前已发现最大的鱼龙类。秀尼鱼龙的化石是在1920年首次发现的，发现于内华达州的大型沉积物里。它有四条鳍状肢。

30年后，它们的化石被挖掘出来，并且发现该沉积物有37个大型鱼龙类化石，它们后来被命名为秀尼鱼龙，意思为"来自休尼山脉的蜥蜴"，以该化石发现的地层组命名。

秀尼鱼龙生存于晚三叠纪的诺利阶。它们拥有鲸鱼外形的身体，与长而狭窄的口鼻部。秀尼鱼龙的牙齿，只有在长而尖状口鼻部的末端出现。第一个发现的种是通俗秀尼鱼龙，在1984年成为内华达州的州化石。通俗秀尼鱼龙化石挖掘是在1954年，在加州大学两名博士的带领下开挖，并持续挖掘到20世纪60年代。在1976年命名它们为通俗秀尼鱼龙，身长15米。在1990年代，加拿大卑诗省发现了秀尼鱼龙第二个种——西卡尼秀尼鱼龙，已证实身长达21米长，西卡尼秀尼鱼龙具有扇状肩胛骨和相当长的椎体，使得通俗秀尼鱼龙成为较小的种。在喜马拉雅山脉发现的大型鱼龙类喜马拉雅鱼龙，可能跟秀尼鱼龙是同一种动物。

科学家研究发现秀尼鱼龙的体型并没有过去认知的高。少数小型物种的牙齿位于齿槽内，这意味幼年个体可能具有牙齿，而成年个体缺乏牙齿。西卡尼秀尼鱼龙的发现，使秀尼鱼龙的地理分布与生存年代扩张到诺利阶中期的卑诗省。

早期鱼龙的样子像鳗鱼，紧靠海岸生活。经过4000万年之后，它们进化出了像海豚一样的流线型身体，能像海豚一样在广阔的海域轻松畅游。到大约两亿年前，也就是侏罗纪开始时，鱼龙大军中又加入了体型稍小而速度更快的海洋巡游者。科学家估计，一种生活在1.8亿年前的鱼龙的游速可与金枪鱼相比，而后者是当今世界上游动最快的鱼种之一。侏罗纪是鱼龙的黄金时代，当时鱼龙的数量超过其他任何海洋爬行动物。此外，鱼龙还是首批深海征服者。

侏罗纪王者——滑齿龙

滑齿龙意思是"平滑侧边牙齿"，是种大型、肉食性海生爬行动物，属于蛇颈龙目里短颈部的上龙亚目。滑齿龙生存于中侏罗纪的卡洛夫阶，约1.6亿万年前到1.55亿万年前，是有史以来最强大的水生猛兽。

滑齿龙属在1873年命名，以非常少数的化石来命名，包含3个70厘米长的巨大牙齿，其中一个在法国滨海布洛涅附近的侏罗纪卡洛夫阶地层发现，学名为残酷滑齿龙；另一个在法国Charly地区发现；第三个在法国坎城附近发现，被命名为Liopleurodonbucklandi。

现在滑齿龙属有3～4个已承认的种：残酷滑齿龙发现于英格兰与法国的卡洛夫阶、L.pachydeirus生存于英格兰的卡洛夫阶，由Seeley在1869年描述为上龙、L.rossicus发现于俄罗斯窝瓦阶，也被Novozhilov在1948年描述为上龙、L.macromerus发现于英格兰。

滑齿龙是有史以来最强大的水生猛兽，侏罗纪晚期，它们庞大的身影在4片巨型桨鳍的驱动下，威严地划破浅海水域，宣泄着无形的霸主气势！滑齿龙的长颚里布满尖锐的牙齿，在这样一台吞噬机器前，鳄鱼、利兹鱼、鱼龙甚至其他上龙都要退避三舍，否则难逃厄运。滑齿龙的鼻腔结构使得它在水中也能嗅到气味，这样滑齿龙就可以在很远的地方发现猎物行踪。除了要上浮呼吸外，滑齿龙一生都在水中度过，因此它们也是卵胎生动物，喜欢在浅海域产仔。直到最近科学家能确定的最大成年滑齿龙不过是18米，但

2003年在墨西哥出土了一具18米的上龙（可能是滑齿龙）化石，而它不过是一只幼兽！如果它成功长大，那肯定会大到骇人听闻的地步。

滑齿龙的牙齿显示它们是肉食性动物，至于滑齿龙如何猎食，则要观察眼睛的所在位置以及游泳的速度。古生物学家茱蒂·玛莎研究过很多海洋爬虫类的游泳情况与方式，认为像滑齿龙这种使用4只鳍状肢来游泳的生物，速度一定不会像大眼鱼龙那样快。速度比猎物缓慢的生物，便得使用突袭法来补食。有一项证据可以用来证明这个推论，就是滑齿龙的眼睛长在它们的头顶，这种生物会从下方突袭猎物。

滑齿龙可能是"色彩结构"，就是头部为深色，如此从上方较难被发现；而底部为浅色，如此下方可以作为伪装。另外可以作为滑齿龙行为线索的，是它们的头骨顶端有两个鼻腔。最为常见的理论，就是它们具方向感的嗅觉，猎物的化学特征在某一个鼻孔会比另一个还要强烈，滑齿龙可以依此来判别猎物的方位。再者，滑齿龙的吃相可能不是太好。在牛津黏土层中，发现了很多大眼鱼龙与短尾龙的半个头骨。对于这些剩菜是否为滑齿龙所留下尚不确定，但是以体型来看，滑齿龙是头号嫌疑犯。

4个强壮的鳍状肢显示滑齿龙是强壮的游泳者。所有蛇颈龙类都以4个鳍状肢作为推进方式。一个使用游泳机器人的研究，证实这种推进方式并不特别有效率，它提供很好的加速度，这是个埋伏掠食者值得拥有的特征。对于这种动物头颅骨的研究，显示它们可用鼻孔寻找水面上特定气味的来源。滑齿龙是肉食性动物，而且不太可能有任何掠食者猎食它们。

滑齿龙的化石有许多已在德国、法国、俄罗斯、英国的侏罗纪地层发现，在当时欧洲在大面积海洋中关于滑齿龙的最大尺寸有些争议。大多数残酷滑齿龙的化石显示它们可长到7～10米。滑齿龙堪称是有史以来最大的海生爬行动物与最大型的掠食者。

沧龙的德文意思是"默兹河的蜥蜴",是沧龙科的一个属。它们是群肉食性海生爬行动物,拥有巨大的头部、强壮的颚与尖锐的牙齿,外形类似具有鳍状肢的鳄鱼。

沧龙生活于白垩纪的马斯特里赫特阶(约7000万至6500万年前)的海洋中,分布于世界各地。第一具化石于18世纪末期在荷兰默兹河附近的白垩岩层中被发现。曾经被归类于鳄形超目的卡普林鳄,目前也是沧龙属的一个次异名。沧龙是沧龙科中第一个被命名的属。第一具可归类于沧龙的化石,是个破碎的头骨,于1766年发现在荷兰的一个石灰岩矿坑里。

目前已知最小的沧龙类身长3~3.5米,可能生活于岸边的浅海,用它的球根状牙齿捕抓软体动物与海胆为食。体型较大的沧龙类似海王龙或海诺龙这些巨大的生物。沧龙可以长到15米长,8吨重,它能把人类体型大小的动物整个吞下去。比起其他的沧龙类生物,沧龙的头部更加强壮,由于下颚骨头间的关节紧密,因此沧龙无法像早期沧龙类般将猎物整只吞下。沧龙的牙齿锐利呈圆锥形,弯曲呈倒钩状,双颚在咬合的同时产生巨大扭力可将猎物拦腰咬断。另外其上颚内部还有一圈内齿用于拖拽食物。科学家推测,沧龙应该是将猎物咬断或撕裂为适当尺寸再吞下,其进食方式类似现在的科莫多巨蜥,只是要血腥得多。

沧龙视觉很弱，但是嗅觉和听觉非常发达。它们从祖先那里继承来的舌头依旧是主要的嗅探器官；它们的耳朵构造特殊，可以把声音放大38倍。科学家由其头部化石推定，沧龙利用上颚侧面与吻部的一组神经侦测猎物发出的压力波，以此确定目标的准确位置，就像今天的虎鲸利用声音定位一样。

沧龙用肺呼吸，一次换气可以在水中停留很长时间。沧龙的身体呈长桶状，尾巴强壮，具有高度流体力学性。它的前肢有5趾，后肢有4趾，四肢已演化成鳍状肢，前肢大于后肢，短粗而有力的鳍肢使它可以在水中迅速改变方向，敏捷大大增加。其尾部达到身长的一半，为宽阔平坦的竖桨状，尾椎骨上下都有扩张的骨质椎体，组成了强力的游泳工具。科学家推测，它的行进方式类似于现代的鳄鱼在水中的游泳方式，尾巴像鞭子一样左右摇动，最高时速可能达到48.3千米。这种游泳方式可以在短时间内获得极快的速度，但是不利于长时间的高速追逐，因此，沧龙是利用隐匿与爆发力猎食的好手。

这种海洋掠食王者的祖先来自陆地一种小型蜥蜴——古海岸蜥。它们的进化历程一直是个谜，直到1989年达拉斯蜥蜴化石的发现，使得沧龙与其祖先之间失落的演化环节得以合理连接。古海岸蜥推测生存于距今9500万年前，一直面临陆地上更大更凶猛的恐龙威胁，于是它们逃入海洋。300万年后演化成达拉斯蜥蜴。漫长的演化过程中，它们的脚趾变成蹼足，所以再不能在陆地上行动了。600万年的时间，又使它们从一米长的小蜥蜴，变成了15米的巨大沧龙。沧龙的发展过程证明了即使在演化中，时机还是最为重要的。浅海水域中温暖的海水创造出丰沛的食物来源，造就了最完美的生存环境。这种蜥蜴在海中开始了它们成就海洋霸主的进化之路。